Subbulakshmi Malayappan

Transformação e valor acrescentado do milho na Índia

Subbulakshmi Malayappan

Transformação e valor acrescentado do milho na Índia

ScienciaScripts

Imprint

Cover image: www.ingimage.com

This book is a translation from the original published under ISBN 978-3-330-02610-0.

Publisher:
Sciencia Scripts
is a trademark of
Dodo Books Indian Ocean Ltd. and OmniScriptum S.R.L publishing group

120 High Road, East Finchley, London, N2 9ED, United Kingdom
Str. Armeneasca 28/1, office 1, Chisinau MD-2012, Republic of Moldova, Europe
Printed at: see last page
ISBN: 978-620-7-88243-4

Conteúdo

Capítulo 1

INTRODUÇÃO

INTRODUÇÃO

Os cereais são a fonte mais importante de alimentos do mundo e têm um impacto significativo na dieta humana em todo o mundo. Na Índia e em África, os produtos cerealíferos constituem 80% da dieta média (Adebayo *et al.*, 2010). Os cereais ocupam um lugar de destaque na segurança alimentar no mundo, particularmente em África e na Ásia. Os cereais mais consumidos são o arroz, o trigo e o milho (Kouakou *et al.,* 2013).

Os cereais como o trigo, o arroz, o milho, a aveia, o centeio, a cevada, o sorgo e outros milhetos são conhecidos por serem excelentes fontes de hidratos de carbono, proteínas, fibras alimentares, vitaminas e minerais. Além disso, os alimentos integrais contêm um grande número de fitoquímicos identificados que, juntamente com as vitaminas e os minerais, podem ser protectores contra as doenças degenerativas (Bhavya e Prakash, 2012). Os alimentos à base de cereais são uma fonte importante de energia e nutrientes dietéticos baratos nos países em desenvolvimento (Opere *et al.,* 2012).

O milho (*Zea mays* L.), também conhecido como milho, é um dos principais cereais do mundo, juntamente com o arroz e o trigo. Contribui significativamente para a reserva global de cereais de 2200 milhões de toneladas métricas por ano para alcançar a segurança alimentar e nutricional. Tendo em conta a área semeada e a produção anual, ocupa uma posição importante na economia e no comércio mundiais como alimento, ração e cultura industrial de cereais (Vasal, 2007).

O milho é uma planta anual que pertence à família das gramíneas (*Poaceae*). É cultivado a nível mundial, sendo uma das culturas de cereais mais importantes do mundo. O milho fornece nutrientes para seres humanos e animais e serve de matéria-prima básica para a produção de amido, óleo, proteínas, bebidas alcoólicas, adoçantes alimentares e, mais recentemente, combustível (Anandakumar *et al.,* 2010)

Os Estados Unidos, a China, o Brasil e o México representam 70 por cento da produção mundial. A Índia tem 5 por cento da área cultivada com milho e contribui com 2 por cento da produção mundial. A utilização do milho varia consoante os países. Nos EUA, na União Europeia, no Canadá e noutros países desenvolvidos, o milho é utilizado principalmente para alimentar animais diretamente ou vendido à indústria de rações e como matéria-prima para indústrias de fermentação. Nos países em desenvolvimento, como a América Latina e a África, o milho é principalmente utilizado na alimentação humana, enquanto na Ásia é utilizado na alimentação humana e animal. De facto, em muitos países, é o alimento básico de base e um ingrediente importante na dieta das pessoas. A nível mundial, estima-se que cerca de 21% do total de cereais produzidos são consumidos como alimentos.

Capítulo 2

IMPORTÂNCIA DO MILHO

IMPORTÂNCIA DO MILHO

Praticamente todas as partes do milho têm valor económico e os grãos são utilizados como alimento para os seres humanos, fermentados para produzir uma vasta gama de alimentos e bebidas, para alimentar o gado e para utilizações industriais na produção de amido, óleo, açúcar, celulose e etanol. As folhas, os caules e as borlas podem ser utilizados na alimentação do gado, quer como adubo verde sob a forma de forragem, quer secos sob a forma de palha. O grão fornece uma série de produtos industriais, como xarope de milho, etanol e transformação em plásticos e tecidos (Ram e Mishra, 2010).

A produção de cereais é abundante, pelo que é necessário encontrar utilizações diversificadas para maximizar a sua utilização e satisfazer o gosto em rápida mudança da nova geração. Tendo em conta a mudança do cenário agrícola no nosso país, o milho tem vindo a emergir como uma das culturas potenciais que aborda várias questões como a segurança alimentar e nutricional, as alterações climáticas, a escassez de água, os sistemas agrícolas, os biocombustíveis, etc. Uma mistura de alimentos multi-nutrientes, nutritiva e funcional, de baixo custo, preparada com matérias-primas disponíveis localmente, que é facilmente assimilada pelo organismo e promove o crescimento e a saúde. Devido à sua maior produtividade, ao seu maior teor de proteínas e ao seu maior valor biológico, o milho pode ser uma melhor opção alimentar do que outros cereais como o arroz e o trigo

Os benefícios para a saúde dos produtos de cereais integrais são agora amplamente reconhecidos e considerados como resultado da presença de uma série de componentes bioactivos, incluindo fibras alimentares e fitoquímicos (Jideani e Jideani, 2011). Os hábitos alimentares estão a sofrer enormes alterações, especialmente na população urbana. Devido aos numerosos benefícios para a saúde, regista-se um aumento do consumo de cereais sob a forma de cereais integrais ou de alimentos transformados à base de cereais (Bhavya e Prakash, 2012). *Zea mays Linn*, o milho, também chamado milho ou milho indiano na América, é amplamente cultivado na Índia. O milho é utilizado de formas mais diversificadas do que qualquer outro cereal. Este grão é bastante nutritivo, com uma elevada percentagem de hidratos de carbono, gorduras e proteínas facilmente digeríveis (Thangaraj e Jaiswal, 2000).

O milho é transformado de duas formas, nomeadamente, moagem a seco e moagem a húmido. A moagem a seco é o método mais comum e produz produtos como a farinha de milho (farinha integral), grits, suji (sêmola) e farelo, enquanto a moagem húmida é um passo mais além e algumas das suas partes são separadas nos seus constituintes químicos (Shobha *et al.,* 2011).

O milho fornece mais hidratos de carbono do que o trigo e o sorgo e é uma boa fonte de fósforo. Contém também pequenas quantidades de cálcio, ferro, tiamina, niacina e gordura. Além disso, o milho tende a proporcionar um rendimento elevado por unidade de terra, o que faz do milho uma cultura fundamental para garantir a disponibilidade de alimentos e promover a segurança alimentar dos consumidores (Mboya *et al.*, 2011). A OMS (2009) recomendou a farinha de milho para fortificação de micronutrientes como abordagem baseada em alimentos para melhorar o estado de micronutrientes da população

O cenário de globalização na era do novo milénio alterou a perceção do estilo de vida. Isto aumentou a procura de alimentos prontos a comer (RTE), fast food e alimentos processados (Kamaliya e Rema, 2011). Vários snacks prontos a comer têm sido reportados exclusivamente a partir de cereais ou das suas misturas com fontes de proteína de leguminosas (Jisha *et al.*, 2010). Os snacks à base de cereais, como bolachas, biscoitos, wafers e pão curto, tornaram-se muito populares na Índia (Kaur *et al.*, 2012a). Os alimentos de conveniência tradicionais são, na sua maioria, fabricados num sector não organizado a nível caseiro e de pequena escala, pertencendo basicamente à categoria de cereais de pequeno almoço. Uma estimativa conservadora de um milhão de toneladas destes produtos coloca-os num valor não inferior a Rs. 2500 crores por ano (Sumithra e Bhattacharya, 2007).

Capítulo 3

TIPOS DE MILHO

TIPOS DE MILHO

O grão de uma planta de milho é constituído por três partes principais: o pericarpo, o endosperma e o embrião. O grão de milho subdivide-se em tipos distintos com base na composição do endosperma e do grão, na cor do grão, no ambiente em que é cultivado, na maturidade e na sua utilização. Existem seis variedades principais de milho especial cultivado comercialmente para consumo humano, incluindo o milho flint, farinhento, dentado, pop, ceroso e doce (Suleiman *et al.,* 2013). Com base nas suas características únicas e na sua composição nutricional, o milho é classificado em milho de qualidade proteica, milho bebé, milho doce, milho pop, milho de orelhas verdes, milho com elevado teor de óleo, etc. Os produtos de valor acrescentado preparados a partir de milhos especiais são alimentos tradicionais, alimentos para bebés, alimentos saudáveis, snacks e alimentos salgados e cozinhados (Yadav e Supriya, 2014)

Os grãos de milho vítreo têm um endosperma duro e vítreo com um revestimento de sementes liso e duro (pericarpo). Normalmente, o milho amarelo tem um elevado teor de proteínas e β-caroteno. O endosperma do milho farinhento é constituído por amido mole com pericarpos finos. O milho dentado tem um rendimento mais elevado do que os outros tipos e existem dois tipos comuns de milho dentado: o branco e o amarelo. O milho dentado branco é mais preferido na indústria de transformação de alimentos. Embora a maioria dos produtos, nomeadamente óleo alimentar, vários grãos de milho, farinhas, amidos de farinha, edulcorantes, álcool, papel, adesivos, cosméticos, ácido cítrico, ácidos glutâmicos, etc., sejam feitos a partir de milho dentado (Cortes *et al.*, 2006).

Ao contrário do milho dentado, o milho doce é cultivado principalmente para consumo fresco. O aspeto enrugado e vítreo dos grãos de milho doce resulta de um gene açucarado que retarda a conversão normal de açúcar em amido durante o desenvolvimento do endosperma. O milho ceroso é uma variante do amido do milho normal que contém uma quantidade elevada de amilopectina em comparação com o milho normal e é utilizado principalmente para produzir amido ceroso, que é utilizado pela indústria alimentar como estabilizador e na indústria do papel como adesivo (Ptaszek *et al.,* 2009).

O milho para estourar tem um endosperma duro e flácido que envolve uma pequena quantidade de amido macio e húmido no centro. O aquecimento do grão transforma esta humidade em vapor que se expande, divide o pericarpo e faz explodir o endosperma, virando o grão do avesso. A maioria das variedades comerciais expande 30-40 vezes o seu volume (Zilic *et al.,* 2011). Diferentes tipos de genótipos de milho, com cores como o branco, o amarelo, o violeta, o vermelho, o preto e o azul pigmentado, contêm vários fitoquímicos bioactivos, como carotenóides, tocoferóis, ácido fítico e compostos fenólicos. Embora estes compostos sejam considerados não nutritivos, o interesse pelas suas propriedades antioxidantes e bioactivas tem aumentado devido aos seus potenciais benefícios para a saúde (Bacchetti *et al.,* 2013).

O padrão de utilização do milho na Índia é uma fonte de alimentação humana (25%), alimentação animal (12%), alimentação de aves de capoeira (49%), produtos industriais principalmente como amido (12%) e um por cento cada em cervejaria e sementes (Jat *et al.*, 2009).

O milho contém 65 -70% de amido, 8 -10% de proteínas, 3 -4% de gordura e algumas vitaminas e minerais. No entanto, apesar das várias utilizações, o milho tem um inconveniente intrínseco de deficiência em aminoácidos essenciais, particularmente lisina e triptofano, o que limita o seu valor nutricional (Gibbon *et al.*, 2003).

A mutação *opaque2* cria um grão com um teor mais elevado de lisina e é uma grande promessa para melhorar a qualidade da proteína do milho. Estes esforços de melhoramento convencional deram origem a diversas variedades modernas de milho, coletivamente designadas por milho de proteína de qualidade (QPM) (Gunaratna *et al.,* 2008). Na Índia, foram desenvolvidos nove híbridos de milho QPM de cruzamento único*:* HQPM 4, HQPM 1, HQPM 5, HQPM 7, Vivek QPM 9, Shaktiman 1, Shaktiman 2, Shaktiman 3 e Shaktiman 4 para diferentes condições agro-climáticas (Dass *et al.,* 2009).

O Quality Protein Maize (QPM) apresenta um teor mais elevado de lisina (6,0-13,4 g/100 g de proteína) e de triptofano (0,8-1,2 g/100 g de proteína) do que o milho normal (Grajales-Garcia *et al.,* 2012). Recomenda-se a utilização de material de baixo custo com elevado teor proteico para ultrapassar o efeito grave da desnutrição proteica (Gupta e Singh, 2005). Sabe-se que a proteína normal do milho tem um valor biológico de 40 por cento do leite, ao passo que o milho com proteína de qualidade (QPM) tem uma proteína equivalente a 90 por cento da proteína do leite (Gupta *et al.,* 2009)

O QPM tem sido produzido nos países em desenvolvimento como uma estratégia para melhorar a qualidade proteica dos produtos à base de milho e ajudar a reduzir a desnutrição proteico-energética entre as diferentes técnicas de processamento utilizadas para processar produtos de milho estáveis e desejáveis (Paes e Maga, 2004). O milho e a farinha de trigo são fontes de cereais comummente consumidos com propriedades funcionais e benefícios para a saúde e fazem parte de todas as refeições na Índia Murugkar *et al.* (2012).A farinha de milho e o suji (sêmola) encontraram o seu lugar, de uma forma ou de outra, em algumas partes do nosso país, como Uttar Pradesh, Punjab e Rajasthan, para a preparação de vários pratos doces e salgados, incluindo papas grossas e finas, panquecas secas, idli, dosa, vada, shev, chakkuli, laddu, payasam e assim por diante (Shobha *et al,* 2011)

Capítulo 4

CENÁRIO DA PRODUÇÃO DE MILHO

CENÁRIO DA PRODUÇÃO DE MILHO

Os grãos de cereais estão no centro da nutrição humana e a sua incorporação numa vasta gama de produtos é de grande importância económica. Os avanços na modificação de proteínas criariam uma nova geração de ingredientes funcionais que seriam úteis no desenvolvimento de novos produtos. O esparguete, a massa e outros produtos de massa são as principais utilizações alimentares dos cereais, em especial do trigo, do arroz e do milho. Os cereais são também utilizados para fazer vários doces e aperitivos. As sementes verdes de cereais (trigo, cevada, milho e sorgo), cruas e torradas, são consumidas em vários estados do país (Panghal *et al.*, 2006).

A nível mundial, o milho é conhecido como a rainha dos cereais porque tem o maior potencial de rendimento genético de todos os cereais. O milho ocupa o terceiro lugar, a seguir ao trigo e ao arroz, como um dos três principais cereais alimentares do mundo, é cultivado em 140 milhões de hectares em 100 países e produziu 700 milhões de toneladas métricas de cereais em 2004. Os seis maiores produtores de milho do mundo são os Estados Unidos, a China, o Brasil, o México, a França e a Índia, que partilham 75% da produção mundial total de milho. No entanto, ao contrário do trigo e do arroz, a maior parte do grão de milho produzido no hemisfério norte é dado como alimento ao gado, enquanto o milho é um dos principais alimentos de base para os seres humanos nas regiões tropicais e no hemisfério sul (Anon, 2008).

Juntamente com o arroz e o trigo, o milho fornece pelo menos 30% das calorias alimentares de mais de 4,5 mil milhões de pessoas em 94 países em desenvolvimento. Estas incluem 900 milhões de consumidores pobres para quem o milho é o alimento básico preferido e cerca de um terço de todas as crianças subnutridas. Até 2050, a procura de milho no mundo em desenvolvimento duplicará e, até 2025, o milho tornar-se-á a cultura com maior produção a nível mundial (Rosegrant *et al.*, 2007).

A Ásia consome mais de 62% da sua produção de milho sob a forma de ração animal e o resto é utilizado para consumo humano. A Índia ocupa o quinto lugar em área e o terceiro em produção e produtividade entre as culturas de cereais (Najeeb *et al.*, 2011a).

Na Índia, a produtividade do milho aumentou de 7,5 milhões de toneladas em 5,8 milhões de hectares, com uma produtividade média de 1279 kg/ha em 1970-71, para 21,3 milhões de toneladas em 8,5 milhões de hectares, com uma produtividade média de 2507 kg/ha em 2010-11 (Economic Survey Report, 2011-12), devido ao aumento da procura de milho para utilizações diversificadas. A Índia produz cerca de 20-22 milhões de toneladas de milho e exporta anualmente 2-3 milhões de toneladas para o Vietname, a Indonésia, a Malásia, a Coreia do Sul e o Japão (Damodaran, 2011).

O quadro 1 apresenta dados comparativos sobre as taxas médias de crescimento anual da área, da produção e do rendimento de diferentes culturas em dois períodos: 2002-03 a 2006-07 (período do 10.º Plano) e 2007-08 a 2011-12 (período do 11.º Plano). No caso do milho, foram observadas taxas impressionantes de crescimento da produção, de 4,02 a 8,90 por cento.

Quadro 1. Taxas médias de crescimento anual da superfície, da produção e do rendimento dos cereais em toda a Índia

Crops	Average Annual Growth (%) 10th Plan (2002-03 to 2006-07)			Average Annual Growth (%) 11th Plan (2007-08 to 2011-12)		
	Area (ha)	**Production (tonnes)**	**Yield (kg/ha)**	**Area (ha)**	**Production (tonnes)**	**Yield (kg/ha)**
Rice	-0.39	1.25	1.17	0.18	2.69	2.41
Wheat	1.30	1.11	-0.32	1.31	4.64	3.29
Jowar	-2.84	-0.89	2.07	-5.71	-3.00	3.26
Bajra	1.67	17.12	7.28	-1.38	7.84	8.64
Maize	3.77	4.02	-0.15	2.16	8.90	6.47
Ragi	-5.52	-2.67	0.40	0.41	8.11	6.66
Small millets	-5.03	-2.49	2.32	-4.42	-0.13	4.08
Barley	-0.28	-1.21	-0.90	0.61	6.32	4.64
Coarse cereals	-0.26	2.55	1.75	-1.59	5.68	7.27
Total cereals	**0.07**	**1.21**	**0.74**	**0.03**	**3.79**	**3.76**

Fonte: Direção de Economia e Estatística, Ministério da Agricultura, 2009

O milho é uma cultura remuneradora e o seu cultivo estendeu-se a zonas não tradicionais do sul da Índia. A área cultivada e a produção de milho foram mais elevadas na época da kharif do que na época da rabi (quadro 2). No que respeita à produtividade, a época de rabi produziu mais milho por hectare do que a época de kharif. O aumento global da área de milho é da ordem dos 33%. O crescimento horizontal e vertical do milho resultou num aumento de mais de 80% da produção de cereais desde 2000.

Quadro 2: Alterações na área, produção e produtividade do milho na Índia

Year	Area (000 ha)			Production (000 tons)			Productivity (kg/ha)		
	Kharif	Rabi	Total	Kharif	Rabi	Total	Kharif	Rabi	Total
2000-01	5987	624	6611	10220	1824	12043	1707	2921	1822
2001-02	5934	648	6582	11248	1912	13160	1896	2952	2000
2002-03	5976	659	6635	9272	1879	11152	1552	2851	1681
2003-04	6590	753	7343	12734	2250	14984	1932	2987	2041
2004-05	6594	836	7430	11476	2696	14172	1740	3224	1907
2005-06	6758	830	7588	12156	2554	14710	1799	3076	1938
2006-07	6960	934	7894	11556	3541	15097	1660	3793	1912
2007-08	7119	999	8117	15107	3849	18955	2122	3854	2335
2008-09	6895	1279	8174	14121	5611	19731	2048	4387	2414
2009-10	7063	1198	8262	12293	4426	16719	1740	3694	2024
2010-11	7282	1271	8553	16637	5088	21726	2285	4003	2540
2011-12	7381	1401	8782	16486	5273	21759	2234	3765	2478

(Yadav, 2013)

O milho tem uma multiplicidade de utilizações e ocupa o segundo lugar, a seguir ao trigo, entre as culturas cerealíferas do mundo em termos de produção total. Também devido à sua distribuição mundial e aos preços mais baixos em relação a outros cereais, o milho tem uma gama de utilizações mais vasta do que qualquer outro cereal. O milho pode ser transformado em diferentes produtos para várias utilizações finais a nível tradicional e à escala industrial Anandakumar *et al.* (2010).

O cenário de produção por estado revelou que Andhra Pradesh, Karnataka, Bihar, Maharashtra, Tamil Nadu e Rajasthan são os principais estados da Índia produtores de milho. No que respeita especificamente à área cultivada com milho, em 2009-2010, o Karnataka ocupou o primeiro lugar, com 1200 mil hectares, seguido do Rajastão, do Andhra Pradesh e do Madhya Pradesh. Relativamente à produção em 2009-10, o Andhra Pradesh ocupou o primeiro lugar, com 3558 mil toneladas, seguido do Karnataka, Bihar e Maharashtra. Os pormenores são apresentados no quadro 3.

Quadro 3. Superfície e produção de milho por Estado

States/ UT	Area (000' Hectares)					Production (000' Tonnes)				
	2001-02	2006-07	2007-08	2008-09	2009-10	2001-02	2006-07	2007-08	2008-09	2009-10
Andhra Pradesh	428	725	786	852	863	1,457	2,462	3,621	4,152	3,558
Bihar	594	642	640	641	644	1,488	1,715	1,455	1,714	1,863
Gujarat	444	520	424	499	511	885	363	583	739	493
Himachal Pradesh	301	299	300	298	269	768	695	863	677	332
Jammu & Kashmir	327	324	302	316	314	538	487	475	633	532
Jharkhand	140	241	237	216	159	209	296	358	304	206
Karnataka	580	961	1,113	1,069	1,200	1,452	2,719	3,254	3,029	3,176
Madhya Pradesh	854	861	880	841	811	1,681	840	1,133	1,144	897
Maharashtra	326	580	672	655	754	587	1,150	1,790	1,560	1,478
Punjab	165	154	153	151	132	449	481	521	514	451
Rajasthan	1,017	1,028	1,051	1,053	1,096	1,481	1,116	1,955	1,828	1,146
Tamil Nadu	73	198	224	287	312	118	759	811	1,258	1,218
Uttar Pradesh	931	872	838	799	710	1,516	1,164	1,209	1,198	1,021
Others	402	489	497	498	814	532	849	928	981	934
All India	6,582	7,894	8,117	8,174	8,277	13,160	15,097	18,955	19,731	17,304

(Fonte: Commodity Insights Yearbook, 2011)

O cenário da área de produção e do rendimento de culturas de milho seleccionadas em Tamil Nadu para os anos 2000-01 a 2011-12 no quadro 4 mostra que houve um aumento constante da área cultivada de milho, da produção e da produtividade por hectare. Em comparação com outras culturas cerealíferas, o milho registou a taxa de crescimento positiva e mais elevada de 36,45 % por ano, o que se deveu, evidentemente, à elevada rentabilidade do milho em Tamil Nadu.

Quadro 4. Superfície, produção e rendimento do milho em Tamil Nadu de 2001-01 a 2011-12

Year	Area (ha)	Production (tonnes)	Yield (kg/ha)
2000-01	72956	118463	1624
2001-02	121057	191646	1583
2002-03	160159	250992	1567
2003-04	189893	294717	1552
2004-05	202830	241217	1189
2005-06	197782	759112	3838
2006-07	223428	810057	3626
2007-08	286639	1257882	4388
2009-10	244159	1138126	4661
2010-11	230489	1027536	4458
2011-12	280629	1695467	6042

(Relatório sobre as estações e as culturas, 2011-12)

A taxa de crescimento do milho entre 1970 e 2006 foi considerada positiva no que respeita à área, à produção e ao rendimento. Esta tendência pode ser encorajada para apoiar o crescimento destas indústrias no estado e também bastante impressionante no aumento do rendimento dos agricultores através da diversificação de culturas (Plano Agrícola do Estado, 2009). Entre 1971 e 2003, foram lançadas seis variedades de milho, nomeadamente COH1 (1982), CO1 (1985), COH2 (1989), COH3 (1996), CO Bc1 (1998) e COH $(M)_4$ (2002), pela Universidade Agrícola de Tamil Nadu, em Coimbatore.

A. Variedades importantes de milho cultivadas na Índia

O milho é classificado nas categorias de milho dentado, flint, ceroso, doce e pop. O milho dentado (*Zea mays var. indentata*), conhecido como milho de campo, contém amido duro e mole. O milho flint (*Zea mays var. indurata*) tem um grão duro, córneo, arredondado ou curto e achatado, com o endosperma macio e amiláceo envolvido por uma camada exterior dura. Ambas as variedades são utilizadas para fins industriais. O milho-pipoca (*Zea mays var. everta*) tem grãos pequenos, pontiagudos e arredondados, com endosperma muito duro que, quando expostos ao calor seco, rebentam ou eclodem, formando uma massa branca de amido muitas vezes superior ao tamanho do grão original. O milho doce (*Zea saccharata* ou *Zea rugosa*) distingue-se pelos grãos que contêm uma elevada percentagem de açúcar na fase láctea e que, por conseguinte, são adequados para utilização na mesa (Premi *et al.*, 2004). Com base nas características do grão, o milho pode ainda ser classificado em milho vítreo, milho de qualidade alimentar, milho com elevado teor de amilose, milho com elevado teor de óleo, milho com elevado teor de amido, milho melhorado com elevado teor de lisina, milho ceroso, milho branco, milho para pipocas e milho doce (Ram e Mishra, 2010).

Na Índia, tem sido feito um trabalho considerável para o desenvolvimento de milhos especiais, como o milho doce, o milho para pipocas, o milho para bebés, o milho de qualidade proteica com elevado teor de lisina e triptofano, o milho de orelhas verdes, o milho com elevado teor de óleo, o milho ceroso e o milho forrageiro, etc. O quadro 5 apresenta uma lista das variedades lançadas em cada uma destas especialidades de milho.

Quadro 5. Variedades de milho lançadas em especialidades de milho

Type of corn	Varieties developed and released in India
Sweet corn	Madhuri, Priya sweet corn
Pop corn	Amber pop corn, VL pop corn
Baby corn	CO1, Him 123, early composite, VL 64, PEHM-1 and PEHM -2
Green eared corn	Harsha, Ashwini, Varun, Rohini, Megha
Quality Protein Maize	Shakti-1, Shaktiman-1 and Shaktiman-2
High starch corn	Ganga 111, Histarch, Deccan 103, Deccan 105, Trishulata, Sheetal, Paras
High oil corn	HOP-1, HOP-2
Fodder corn	African tall, PFM-66, J-1006.

(Fonte: Direção de Investigação do Milho, 2009)

Milho doce

O milho doce é um dos legumes mais populares nos EUA, Canadá e Austrália. Está a tornar-se popular na Índia e noutros países asiáticos. O milho doce distingue-se dos outros milhos devido ao elevado teor de açúcar na fase inicial. É consumido na fase imatura da cultura. Os grãos de milho doce têm um sabor muito mais doce do que o milho normal, especialmente a 25-30%, e são transformados em diferentes produtos, como espigas congeladas, espigas inteiras, grãos inteiros, estilos de creme, sopas, pacotes de vegetais mistos, palitos de milho (Najeeb *et al.*, 2011b).

Pipocas

As pipocas, um snack popular, resultam do aquecimento de grãos de milho secos numa máquina de estourar com ar quente a 180°C e da aplicação de uma pressão de cerca de 135 psi para romper a casca do milho. Nalguns casos, são adicionados óleo e sal aos grãos de milho durante a sua abertura (Nkosi *et al.,* 2010). O estalamento do milho é um processo consecutivo que envolve a acumulação de pressão de vapor de água em grânulos de amido individuais, a rutura do pericarpo por pressão de vapor excessiva e a rápida geração e expansão de vapor após a rutura (Lee *et al.*, 2000). As propriedades de estourar foram principalmente afectadas pelas propriedades físicas dos grãos de milho de pipoca. O tipo de grão, o nível de humidade, o tamanho do grão e o método de abertura são eficazes nos parâmetros de qualidade do milho pipoca (Oz e Kapar, 2011).

Milho de pederneira e milho de mossa

O grão de milho Flint é macio e rico em amido no centro e completamente envolvido por uma camada exterior muito dura. Os grãos são geralmente arredondados, mas por vezes são curtos e achatados. A cor pode ser branca ou amarela. Este tipo de milho é mais comummente cultivado na Índia e é excelente para cereais de pequeno-almoço e alguns aperitivos (Ram e Mishra, 2010). Os grãos de milho dentado têm amidos duros e moles. O amido duro estende-se pelos lados e o amido mole encontra-se no centro e estende-se até ao topo dos grãos. Este é o tipo mais comum de milho cultivado nos EUA.

Milho de qualidade proteica

O milho tem um teor moderadamente baixo de proteínas com uma composição de aminoácidos desfavorável. Existe uma deficiência acentuada de lisina e triptofano, uma deficiência moderada de isoleucina e um excesso de leucina, uma constelação que contribui para o desenvolvimento de pelagra ou kwashiorkor florido (Milan-Carrillo *et al.,* 2007).

A descoberta de mutantes de milho em meados da década de 1960 contendo o gene *opaque-2,* que aumenta os níveis de lisina e triptofano na proteína do endosperma, abriu uma nova era no melhoramento da qualidade do milho. O Centro Internacional de Melhoramento do Milho e do Trigo (CIMMYT) identificou as cultivares de milho mais produtivas com elevados teores de lisina e triptofano. Através de retrocruzamentos e várias selecções recorrentes, os criadores de milho do CIMMYT e do Instituto Nacional de Investigação Florestal, Agrícola e Pecuária (INIFAP) desenvolveram com sucesso 26 híbridos e cultivares, semelhantes ao milho normal em termos de rendimento e outras propriedades agronómicas importantes. Estes novos genótipos de proteína de alta qualidade são coletivamente designados por milho de proteína de qualidade (QPM) (Milan-Carrillo *et al.,* 2004). Cerca de 23 países lançaram e estão a produzir QPM no mundo em desenvolvimento.

Os híbridos de milho Quality Protein Maize incorporam um gene "*opaque-2*" identificado a partir de mutantes no milho que reduz a concentração de prolamina, a fração proteica dominante nos grãos de milho normais que são ricos em leucina e isoleucina. Como resultado, o QPM contém quase o dobro da lisina e do triptofano do que o milho comum, o que se traduz numa digestibilidade proteica de 92% e num valor biológico de 80%, comparável aos 96% e 86% do leite, respetivamente (Damodaran, 2011).

Mais de 85% do milho produzido na Índia é atualmente utilizado para consumo humano, em especial nas zonas economicamente desfavorecidas, onde a subnutrição proteica e a fome são evidentes. Em resultado do Programa de Investigação Coordenada de Toda a Índia (AICRP) iniciado em 1966, foram lançadas comercialmente três variedades de QPM, nomeadamente Shakti, Rattan e Protina, em 1970. Foram iniciados esforços intensivos em vários centros e o quadro 6 apresenta pormenores sobre as variedades lançadas.

Tabela 6. Cultivares QPM libertadas para cultivo comercial na Índia

S. No.	Cultivars	Year of release	Centre
1	Shakti	1970	AICRP
2	Rattan	1970	AICRP
3	Protina	1970	AICRP
4	Shakti 1	1997	DMR
5	Shaktiman 1	2001	Dholi
6	Shaktiman 2	2004	Dholi
7	HQPM 1	2005	Uchani
8	Shaktiman 3	2006	Dholi
9	Shaktiman 4	2006	Dholi
10	HQPM 5	2007	Uchani
11	HQPM 7	2008	Uchani
12	Vivek QPM 9	2008	Almora

(Gupta *et al.*, 2009)

O milho com proteínas de qualidade (QPM) é semelhante ao milho normal em termos de características agronómicas, mas contém maiores quantidades (70-100%) de lisina e triptofano (Milan-Carrillo *et al.*, 2007). O QPM tem o aspeto e o sabor do milho normal, produz tanto ou mais e apresenta uma resistência igual ou superior às doenças e às pragas. Mas o QPM contém quase o dobro dos aminoácidos lisina e triptofano essenciais para a síntese de proteínas em humanos e animais monogástricos (Cordova, 2000). O aumento dos níveis dos aminoácidos essenciais lisina e triptofano no MPQ tem sido produzido nos países em desenvolvimento como uma estratégia para melhorar a qualidade proteica dos produtos à base de milho e ajudar a reduzir a desnutrição proteico-energética (Paes e Maga, 2004).

Milho com elevado teor de amido e de óleo

O milho com elevado teor de amido seria uma vantagem para aplicações industriais como o etanol e os plásticos biodegradáveis. O milho com elevado teor de óleo contém 1,5 a 2 vezes mais óleo, bem como proteínas de melhor qualidade do que o milho amarelo normal. É atrativo como alimento para o gado porque tem maior valor energético do que o milho amarelo normal e pode substituir fontes alimentares mais caras de gordura e proteínas (Ram e Mishra, 2010).

Capítulo 5

Transformação do milho

Transformação do milho

A transformação depende da utilização final. O milho é vendido como milho para bebés, milho doce ou como espigas para fins de mesa e o milho é transformado em vários produtos, como alimentos para bebés, alimentos saudáveis (bebidas), nutracêuticos, alimentos especiais e alimentos de emergência, etc., através de um processo de moagem, processamento alcalino, fervura, cozedura e fermentação (Prasanna *et al.*, 2001)

Os grãos de milho podem ser consumidos fora da espiga, tostados, cozidos, fritos, assados, moídos e fermentados para utilização em pães, papas, papas de aveia, bolos e bebidas alcoólicas (Nuss e Tanumihardjo, 2010). As pipocas são um dos petiscos mais preferidos e populares consumidos em todo o mundo (Farahnaky *et al.*, 2013). Na Índia, o milho é consumido sob a forma de maida, sooji, grits, flocos, farinha pré-cozinhada e atta de moinho. Além disso, também é consumido sob a forma de grãos estalados e cozidos (Madaan e Gupta, 1990).

O gérmen e o endosperma constituem as duas partes mais importantes do grão de milho. Variam em tamanho e na sua contribuição relativa para a quantidade e a qualidade das proteínas. Dependendo do tipo de milho, o gérmen e o endosperma podem contribuir com 8-10 por cento e 80-85 por cento do peso do grão, respetivamente (Vasal, 2002).

Na Índia, o milho é utilizado na alimentação humana (23%), na alimentação de aves de capoeira (51%), na alimentação animal (12%), em produtos industriais como o amido (12%), em bebidas e em sementes (1% cada). (Karthikeyan e Balasubramanian, 2006).

1. Tratamento primário

O milho é submetido a diferentes etapas de transformação, nomeadamente, moagem, fendilhação, laminagem, torrefação, estalagem, explosão, descamação, etc. A transformação primária inclui a moagem, a maltagem, o tratamento com cal e a fermentação do grão de milho (Lee *et al.*, 2002).

a. Moagem do milho

A moagem é o processo de trituração de grãos para os tornar palatáveis. Geralmente, envolve a separação das partes de farelo, germe e endosperma. O gérmen é retirado para reduzir o teor de óleo que torna o produto rançoso. Dependendo dos requisitos, a moagem seca e húmida é utilizada para moer grãos de milho (Ram e Mishra, 2010).

b. Moagem a seco

A moagem do milho pode ser feita a seco ou a húmido. Após a têmpera, a moagem a seco utiliza um degerminador para remover a casca e libertar o gérmen dos grãos de milho. O endosperma é então reduzido a grão através da moagem com rolos, semelhante à utilizada para o trigo (Mckevith, 2004).

A moagem a seco produz produtos como a farinha de milho (farinha de milho integral), grits, suji (sêmola) e farelo, uma vez que a farinha integral, juntamente com o teor de gordura, é uma boa fonte de micro e macro nutrientes que pode ser um bom substituto de alimentos sofisticados e altamente processados (Shobha *et al.,* 2011). Nos países africanos, as farinhas de milho são geralmente produzidas e vendidas por mulheres em muito pequena escala, quer como farinha de milho integral quer como farinha de milho descascada (Mestres *et al.,* 2003).

Mestres *et al.* (2009) compararam as farinhas do método convencional (moagem direta com moinho de discos) e degermação seguida de moagem em dois tipos de moinho (moinho de discos e moinho de martelos). As pontuações de satisfação do consumidor mostraram que a degermação e a moagem com martelo produzem farinha de alta qualidade a partir de grão duro que pode ser armazenada até 6 meses sem detorção significativa.

Otitoju (2009) comparou os atributos sensoriais do milho amarelo fermentado durante 48 horas e processado por dois métodos (moagem de milho a seco e a húmido). A farinha de milho fermentada foi obtida por processos como moagem a seco não peneirada (UDM), moagem a seco peneirada (SDM), moagem húmida não peneirada (UWM) e moagem húmida peneirada (SWM). As papas preparadas com farinhas de milho moídas a seco e a húmido não apresentaram diferenças significativas. No entanto, o efeito da moagem a seco sem peneiração parece oferecer mais benefícios na conservação e melhoria do nível de nutrientes proximais do milho fermentado e utilizado para a preparação de um produto tradicional popular à base de milho, nomeadamente *o ogi*.

O floco de milho é o cereal de pequeno-almoço mais conhecido, feito a partir de uma parte de cereais integrais. O floco de milho tradicional é obtido a partir da moagem a seco do milho comum. A moagem a seco ajuda a remover o gérmen e a sêmea do grão, deixando para trás pedaços de endosperma. O tamanho necessário para os flocos de milho é de metade a um terço do grão inteiro. Cada floco acabado representa um grão, quando dois grânulos se juntam. As etapas críticas dos flocos de milho são a hidratação, a cozedura, a têmpera, a descamação e a tostagem. (Sumithra e Bhattacharya, 2007).

c. Nixtamalização / tratamento de grãos com cal

O termo nixtamalização refere-se à remoção do pericarpo de qualquer grão através de um processo alcalino. Os grãos submetidos ao processo de nixtamalização têm várias vantagens em relação aos grãos não processados para a preparação de alimentos: são mais facilmente moídos, o seu valor nutricional é aumentado. O sabor e o aroma também são melhorados e as micotoxinas são reduzidas. (Ocheme *et al.,* 2010).

O processo básico começa com a cozedura de grãos inteiros durante 12-16 horas em grandes tanques. Os grãos em infusão são chamados de 'nixtamal' e o líquido cozido em infusão, rico em sólidos de milho, é chamado de 'nejayote'. O processo de nixtamalização é popular no México e na América Central e tem sido aplicado ao milho há séculos (Boniface e Gladys, 2011).

A nixtamalização ou cozedura com cal é a cozedura alcalina de grãos de milho numa solução de hidróxido de cálcio. Este processo é responsável por importantes características físico-químicas, nutricionais e sensoriais dos produtos à base de milho. Durante o processo de cozedura com cal, a penetração de iões de cálcio nos grãos de milho melhora a biodisponibilidade da niacina; ocorre a formação de compostos de sabor e aroma que conferem características organolépticas especiais aos produtos e a desintegração parcial do pericarpo do grão (Pozo- Insfran *et al.*, 2007).

A nixtamalização é utilizada para produzir muitos alimentos básicos, tais como tortilhas, batatas fritas de tortilha e aperitivos. Durante o tratamento alcalino (cozedura e maceração) dos grãos de milho, um dos processos mais importantes é a difusão de água e iões de cálcio no grão de milho. Este processo produz importantes alterações físico-químicas nas estruturas anatómicas do grão de milho (Rojas-Molina *et al.*, 2007).

O masa de milho é utilizado na produção de batatas fritas de milho e aperitivos, cascas de tacos e tortilhas, batatas fritas e tortilhas. Nos países latino-americanos, as tortilhas, por si só, podem fornecer até 70% do total de calorias diárias e até 50% do total diário de proteínas, cálcio, ferro e zinco. Os alimentos tradicionais confeccionados com tortilhas nos países latino-americanos são os burritos, as chalupas, as enchiladas, as flautas, os panuchos, as quesadillas, os tacos, os tamales, as tostadas e os sopes (Rosentrater,

2005).

d. Maltagem

A maltagem é o processo aplicado aos grãos de cereais em que os grãos são levados a germinar e depois rapidamente secos antes do desenvolvimento dos rebentos. Durante a maltagem, a germinação dos grãos facilita a produção e a libertação de enzimas que ajudam a modificar os grãos. As enzimas alfa amilase e beta amilase participam neste processo. A alfa amilase liquidifica o amido, enquanto a beta-amilase actua para aumentar a formação de açúcar redutor através de um processo conhecido como *sacarificação.* Adebowale *et al.* (2010) avaliaram a qualidade de maltagem do grão de milho em termos de energia de germinação, capacidade de germinação, perda de maltagem, rendimento de maltagem e os valores foram 91,67%, 83,33%, 18,34% e 86,36%, respetivamente.

A germinação do grão também melhorou o valor nutricional do milho, aumentando a lisina e, em certa medida, o triptofano e diminuindo o teor de zeína (Abubakar, 2001). Os efeitos do tempo de maltagem (1, 3, 5 dias), da temperatura de maltagem (20, 25, 30°C) e da concentração de ácido giberélico (0,0; 0,5; 1,0 %) nas propriedades funcionais do milho maltado foram estudados por Grossmann *et al.* (1998) com o aumento do tempo e da temperatura de germinação houve um aumento do índice de solubilidade em água, uma diminuição do índice de absorção de água e da viscosidade da farinha, mas o ácido giberélico não influenciou significativamente nenhuma das propriedades estudadas. A germinação a 20-25°C por 3 dias foi recomendada para obter farinha de milho com alto índice de absorção de água, baixa viscosidade e médio índice de solubilidade em água, sem perda excessiva de proteínas.

Isaac e Koleosho (2012) estudaram o efeito do processo de germinação do grão de milho. O milho germinado foi misturado com soja torrada na proporção de 70:30 para produzir os alimentos complementares. A germinação aumenta o teor de proteínas devido à produção de aminoácidos em excesso, o que diminui o teor de hidratos de carbono devido à utilização de microrganismos para o crescimento e actividades metabólicas e germinação e este método de processamento produz alimentos complementares com maior teor de proteínas, energia, fósforo e vitamina C.

Os efeitos das propriedades químicas e funcionais dos grãos de milho durante a maltagem foram determinados por Gernath *et al.* (2011). Os grãos de milho foram germinados durante um período de 96 horas. A germinação dos grãos resultou num aumento significativo da proteína bruta, dos açúcares solúveis totais, dos açúcares redutores e do teor de cinzas. Por outro lado, verificou-se uma diminuição significativa da gordura bruta e dos hidratos de carbono durante este período. Após 72 horas, o teor de proteínas e de fibras brutas diminuiu ligeiramente, enquanto o teor de hidratos de carbono, de gorduras brutas e de cinzas aumentou, embora não significativamente. Verificou-se também uma diminuição significativa do pH à medida que a germinação avançava, enquanto se registou um aumento gradual da acidez, que não foi significativo. A maltagem deu origem a uma diminuição da densidade aparente embalada (1,17-0,86 g/ml), do índice de inchamento (6,47-3,93 ml/g) e da viscosidade (343,33-324,46 cP). A maltagem adicional aumenta a capacidade de absorção de água (3,70-3,83g/g) e o índice de reconstituição (4,82-5,48 ml/g). Registou-se também uma redução significativa do teor de taninos (2,62-1,36 g/100 g), fitatos (2,30-1,62 g/100 g), oxalatos (2,321,22 g/100 g), teor de cianetos (2,20-1,08 mg/100 g) e fibra (2,12-1,62 g/100 g).

O efeito da maltagem e da suplementação com soja na qualidade dos nutrientes e na aceitabilidade das papas de milho foi investigado por Ocheme *et al.* (2008). O milho maltado suplementado com soja aumentou significativamente o teor de proteínas, cinzas e cobre das papas, enquanto a gordura e a fibra bruta diminuíram significativamente. A suplementação de soja aumentou significativamente o teor de ferro e fósforo. Com exceção da metionina e do triptofano, todos os aminoácidos essenciais eram adequados. As papas de milho preparadas com grãos de milho maltado e misturas de milho e soja foram aceitáveis.

Azeke *et al.* (2011) estudaram o efeito da germinação no nível e conteúdo de fitatos e fósforo de cereais, arroz e milho, painço, sorgo e trigo. A atividade da fitase foi elevada (0,21 -0,67 U/g) em todas as amostras e o teor variou entre 5,6 e 6,2 mg/g. enquanto o teor de fósforo total variou entre 3,3 e 4,3 mg/g. Durante a germinação, o nível de atividade da fitase aumentou e atingiu o seu valor máximo após sete (16 vezes), seis (5 vezes), cinco (7 vezes), sete (3 vezes) e oito (6 vezes) dias de germinação no arroz, milho, painço, sorgo e trigo, respetivamente.

e. Fermentação do milho

Foi demonstrado que a fermentação natural do milho cozinhado resulta numa maior concentração de vitaminas B e na qualidade das proteínas (Abubakar, 2001). A massa de milho fermentada é um produto intermédio que constitui a base de uma variedade de alimentos. Alkasa, akple, banku, abolo, forfon, ogi, koko, pozol, uji e kenkey são todos produtos básicos de milho, que requerem massa de milho com um determinado grau de fermentação (Anandakumar *et al.*, 2010).

Alka *et al.* (2012) estudaram o efeito da fermentação natural nos parâmetros físico-químicos, *nomeadamente* a densidade aparente, a capacidade de absorção de água, a capacidade de retenção de óleo, o pH e a acidez titulável do sorgo, do milho-miúdo e do milho e compararam com os dos seus homólogos não fermentados. Após 36 horas de fermentação, a farinha de cereais diminuiu significativamente todos os parâmetros físico-químicos, exceto a capacidade de retenção de óleo e a acidez titulável, que aumentaram significativamente. O pH da farinha de cereais fermentada diminuiu com um aumento concomitante da acidez titulável. A fermentação adicional aumentou significativamente a digestibilidade *in vitro do* amido e das proteínas das farinhas de cereais seleccionadas devido a alterações nas fracções proteicas do endosperma, o que torna o amido mais acessível às enzimas digestivas. O aumento percentual da digestibilidade do amido foi mais elevado no sorgo fermentado (70 %), seguido do milho-miúdo (49 %) e da farinha de milho (41 %), respetivamente. A digestibilidade das proteínas aumentou de 65,0 para 83,0, 68,0 para 84,0 e 63,0 para 81,0 por cento, respetivamente, para o sorgo, o milho-miúdo e o milho.

O efeito do processo de fermentação do grão de milho foi estudado por Isaac e Koleosho (2012). O milho fermentado e a soja tostada foram misturados na proporção de 70:30 para produzir os alimentos complementares. A fermentação aumenta o teor de proteínas como resultado das actividades microbianas que podem causar a síntese *in situ* de proteínas, o baixo valor de hidratos de carbono devido à utilização pelos microrganismos fermentadores para o crescimento e actividades metabólicas dos organismos que aumentaram o teor de vitamina C nos alimentos complementares.

Os efeitos da fermentação em algumas propriedades químicas e funcionais dos grãos de milho foram determinados por Gernath *et al.* (2011). A farinha de grãos germinados durante 72 horas foi submetida a fermentação natural acelerada. O resultado mostrou um aumento significativo da proteína bruta, dos açúcares solúveis totais e dos açúcares redutores e uma diminuição significativa da gordura bruta e dos hidratos de carbono durante este período. Os resultados da fermentação indicaram uma diminuição da densidade aparente embalada (1,17-0,54 g/ml), do índice de inchamento (6,47-3,46 ml/g) e da viscosidade (343,33-288,26 cP), enquanto que a capacidade de absorção de água aumentou (3,70-3,92 g g-1) e o índice de reconstituição (4,82-6,40 ml/g). Também se registou uma redução significativa do teor de taninos (2,62-0,42 g/100 g), fitatos (2,30-0,84 g/100 g), oxalatos (2,32-0,34 g/100 g), teor de cianetos (2,200,42 mg/100 g) e fibra (2,12-1,11 g/100 g).

Fubara *et al.* (2011) avaliaram os efeitos do processamento nos teores minerais do milho. Os teores minerais do milho cru e processado (cozido, seco, torrado e frito) foram determinados pelo método de Espectrofotometria de Absorção Atómica. O milho cru registou os valores mais elevados para todos os minerais, enquanto o milho cozido registou os valores mais baixos de potássio, ferro, manganês e magnésio. A perda percentual dos teores de minerais foi elevada na cozedura, seguida da torrefação e da secagem, no que diz respeito ao teor de manganês, zinco e potássio.

Fasasi *et al.* (2005) afirmaram que a farinha de milho fermentada continha 11,69 por cento de humidade, 7,63 por cento de proteína bruta, 4 por cento de gordura bruta, 1,62 por cento de cinzas e 86,74 por cento de hidratos de carbono. A capacidade de absorção de água, a capacidade de absorção de óleo, a densidade aparente solta e embalada e a concentração mínima de gelificação eram de 271 por cento, 176 por cento, 0,0468 g/ml, 0,570 g/ml e 10 por cento, respetivamente.

A fermentação melhorou a qualidade dos produtos em termos de pontuações de aminoácidos. Riat e Sadana (2009) prepararam os produtos fermentados tradicionais de idli, dhokla, nan, kulcha, pão, jalebi, bhatura, bhalla, dosa, gulgule e wadian e estimaram o aminoácido limitante. Esta massa fermentada de idli e dosa continha uma quantidade mais elevada (g/16 N g) de lisina disponível (8,9) e cistina (5,0). Após o processamento, observou-se uma retenção máxima de lisina, metionina e cistina no idli cozinhado a vapor. O gulgule frito registou o menor teor de lisina e metionina, enquanto o nan cozido apresentou o teor mínimo de cistina.

2. Processamento secundário

A moagem húmida é considerada um método de processamento secundário na moagem do milho, uma vez que a moagem húmida vai mais longe e separa algumas dessas partes nos seus constituintes químicos. A moagem húmida é um processo de maceração que provoca alterações físicas e químicas nos constituintes do endosperma (Ram e Mishra,

2010). Através do processo de moagem húmida, obtêm-se os seguintes produtos: xarope de milho, amido de milho, óleo de milho, xarope de milho rico em frutose e flocos de milho.

A moagem por via húmida separa o milho nos seus quatro componentes básicos: amido, gérmen, fibra e proteína. Após um período de maceração de 30 a 40 horas, o processo envolve uma moagem grosseira para separar o gérmen do resto do grão. A restante polpa é finamente moída e peneirada para separar as fibras do amido e das proteínas. O amido é então separado da restante polpa e convertido em xarope. Este pode ser transformado em vários outros produtos, incluindo papel, tintas, etanol e detergentes para a roupa (Mckevith, 2004).

O processo de moagem húmida do milho separa o milho nos seus quatro componentes básicos: amido, gérmen, fibra e glúten. O amido é utilizado no seu estado natural ou é modificado para obter amidos especiais e convertido em xarope. O gérmen é convertido em óleo de milho, a fibra é removida por prensagem e utilizada como alimento para o gado. O glúten é constituído por uma mistura de proteínas utilizadas principalmente para o enriquecimento de alimentos para aves e a mistura final de fibras e de fibras íngremes é utilizada para a alimentação do gado (Anon, 2002).

O objetivo da moagem por via húmida é isolar e recuperar o amido num fluxo altamente purificado; o amido é utilizado para produzir produtos à base de amido, como a glucose, o xarope de milho rico em frutose, o etanol e outros produtos químicos. Na moagem húmida, o milho é fraccionado em quatro componentes (ou seja, amido, gérmen, fibra e proteína). São utilizadas cinco etapas básicas de processamento para conseguir a separação: maceração, recuperação do gérmen, recuperação da fibra, recuperação da proteína e lavagem do amido (Rausch e Belyea, 2006).

O milho, em particular, era utilizado como fonte de amido na preparação de cereais de pequeno-almoço, alimentos para bebés, snacks prontos a comer e farinhas gelatinizadas para cremes instantâneos e sopas (Carvalho e Mitchell, 2006). O amido é um dos principais constituintes do grão de milho utilizado na sua forma nativa ou após modificação química ou enzimática em alimentos e produtos industriais. O amido também foi convertido em glucose ou frutose para ser utilizado como adoçante alimentar. A glucose pode ser fermentada em etanol para combustível ou bebidas ou em muitos outros produtos químicos (Anon, 2002).

A farinha de milho é utilizada como ingrediente principal na preparação de pão, bolos e papas. O óleo de milho é utilizado na culinária, em produtos de panificação, na oleomargarina, em molhos para saladas e em produtos farmacêuticos. O amido de milho é utilizado na produção de biocombustível como etanol após fermentação, no fabrico de plásticos, celofane, películas fotográficas, secagem de roupa, fabrico de papel e cartão e curtimento de peles. Além disso, o milho também foi incluído nos compostos de encurtamento, sabões, vernizes, tintas e outros produtos semelhantes (Shamim *et al.,* 2010).

Capítulo 6

Características físico-químicas do milho

Características físico-químicas do milho

1. Características físicas do milho

Guria (2006) avaliou as características físicas de três variedades de milho, nomeadamente, HQPM-7, DMH-2 e SA Tall. Os parâmetros físicos como o peso de 1000 grãos, o volume e a densidade aparente das três variedades variaram entre 251,20 - 288,37g, 220,14 -240,30 ml e 1,14 - 1,19g/ml, respetivamente. Uma caraterística funcional da capacidade de hidratação foi significativamente maior na HQPM-7 (184,70 g/1000 grãos) do que nas variedades DMH-2 (163,04 g/1000 grãos) e SA Tall (140,94 g/1000 grãos). O índice de hidratação foi mais elevado na DMH-2 (65,50) seguido da HQPM-7 (63,37) e a SA Tall registou o índice de hidratação mais baixo (49,55). Relativamente à capacidade de inchamento, a HQPM-7 apresentou um valor mais elevado (83 ml/1000 grãos) do que a DMH-2 e a SA Tall (77 e 75 ml/1000 grãos). O índice de inchamento foi mais alto no DMH-2 (36,28) seguido pelo QPM (35,14) e SA Tall (32,73). O peso e o volume após a cozedura dos grãos indicaram que o HQPM-7 obteve o valor mais elevado (83,10% e 21,45%), seguido do DMH-2 (56,10% e 18,12%) e o menor valor foi observado no SA Tall (50,25% e 18,46%).

As características físicas e químicas da farinha de milho crua e da farinha de milho cozinhada com água e água de cal foram estudadas por Kulshrestha *et al.* (1992). A farinha de milho cozida com água de cal foi a mais fina dos três tratamentos, como se pode ver pela absorção óptima de água e pelo índice de tamanho das partículas. A capacidade de absorção de água da farinha de milho aumentou significativamente após o tratamento com água de cal. A suscetibilidade à alfa-amilase foi mais elevada na farinha tratada com cal. Os teores de cinzas totais e de proteínas brutas da farinha de milho aumentaram, enquanto os de fibras brutas, gorduras e hidratos de carbono diminuíram após os tratamentos com cal e com calor.

Boniface e Gladys (2011) estudaram o efeito da imersão alcalina seguida de cozedura na farinha de sorgo. O resultado indicou que a cozedura alcalina da farinha de sorgo aumentou significativamente o teor de proteínas, a capacidade de absorção de água, a capacidade de absorção de óleo, o pH, a hidroscopicidade e reduziu significativamente os teores de cinzas, taninos, cianeto, fitato e inibidor de tripsina do que a farinha de sorgo tratada com água e controlo.

Os amidos extraídos de duas variedades comuns (branca e amarela) e de duas variedades QPM (branca e amarela) mostraram que o teor de proteínas e gorduras dos amidos QPM branco e amarelo era 0,35-0,37 ± 0,06%; 0,53-0,57 ± 0,05% inferior ao do milho comum branco e amarelo 0,38-0,39 ± 0,06%; 0,63-0,66 ± 0,05%, respetivamente. A solubilidade do amido de QPM branco mostrou a solubilidade mais elevada (19,43%) e o QPM amarelo foi caracterizado pelo valor mais elevado de poder de inchamento (20,39g/g). A percentagem de água expelida do amido QPM branco foi de 40,39% a -15°C e 37,05% a 4°C após a primeira semana de armazenamento, enquanto o amido QPM amarelo foi caracterizado por valores de sinérese de 40,09% a -15°C e 36,92% a 4°C. Os amidos de QPM branco e amarelo apresentam melhores propriedades do que o milho comum e podem ser uma alternativa valiosa para a exploração em indústrias alimentares e não alimentares (Cisse *et al.,* 2013).

Narbutaite *et al.* (2008) estudaram o efeito do teor de humidade da ração nas propriedades funcionais do índice de solubilidade da água (WSI), índice de absorção de água (WAI) e grau de gelatinização (DG) de diferentes extrudados (farinha de trigo, farinha de trigo, farinha de centeio, farinha de centeio, cevada, triticale, milho e farinha integral de arroz). O estudo concluiu que quanto maior o teor de humidade da ração (50%), maior o índice de solubilidade em água (WSI), menor o índice de absorção de água (WAI) e o grau de gelatinização (DG). Os valores mais elevados de WSI, WAI e DG foram 10,1 por cento, 2,31g/g e 100 por cento na cevada, triticale e centeio, respetivamente. Os valores mais baixos das propriedades funcionais foram 1,8 por cento, 0,63 g/g e 6,1 por cento observados nos extrudados de triticale, arroz e trigo, respetivamente.

O amido de milho foi hidrolisado utilizando uma mistura de alfa amilase e glucoamilase a 35°C durante 24 horas. As propriedades funcionais, tais como o poder de inchamento e a solubilidade, diminuíram após a hidrólise enzimática devido à degradação extensiva da amilose e também à presença de orifícios e canais no interior do amido de milho, enfraquecendo a estrutura dos grânulos durante a hidrólise, o que leva à diminuição da capacidade máxima de inchamento do amido de milho. (Uthumporn *et al.*, 2010).

i. Efeito dos métodos de cozedura

Os processos de torrefação e moagem tornam o grão digerível, sem perda de componentes nutritivos. Srivastav *et al.* (1994) estudaram o efeito do processo de torrefação na dureza do milho. Os grãos de milho foram torrados com areia numa proporção de 1:4 a 180°, 215° e 250°C de temperatura da areia durante 1,5, 2,0 e 2,5 minutos de torrefação. A resistência à rutura do milho aumentou a 180°C, depois diminuiu a 215°C à temperatura da areia e os valores inverteram-se a 250°C. Poderá ser a gelatinização superficial do amido de milho que ocorreu inicialmente e o desenvolvimento de fissuras no grão, após um aquecimento adicional, resultando na redução da dureza.

O efeito do processo de torrefação do grão de milho foi estudado por Isaac e Koleosho (2012). O milho torrado e a soja foram misturados na proporção de 70:30 para produzir os alimentos complementares. A torrefação atribuiu a desnaturação da proteína, aumenta o teor de hidratos de carbono e cinzas devido ao elevado nível de grânulos de amido e volatilização do conteúdo orgânico e destrói a vitamina C nos alimentos complementares.

Vaid e Dave (2010) estudaram a qualidade nutricional do milho doce através de diferentes métodos de cozedura, como a cozedura sob pressão, a grelha, o micro-ondas e a energia solar. As proteínas, a vitamina C e os aminoácidos livres totais foram mais retidos no milho cozinhado sob pressão do que noutros métodos de cozedura. A taxa de sobrevivência bacteriana durante o método de cozedura sob pressão destruiu completamente a população bacteriana. Em comparação com todos os métodos de cozedura, a cozedura sob pressão mostrou um efeito favorável na retenção de nutrientes, bem como na população bacteriana.

Hoekstra *et al.* (2002) avaliaram o processamento por fissuração, moagem e vapor que afecta a digestibilidade do amido do milho, utilizando a resposta glicémica. O milho flamejado a vapor produziu uma maior resposta glicémica do que o milho rachado e moído. Verificaram-se melhorias semelhantes na digestibilidade do amido no milho flamejado a vapor quando comparado com o milho inteiro, moído e laminado a seco. A laminagem a vapor, a extrusão e a micronização do milho aumentaram a digestibilidade do milho do que a moagem ou a fissuração

Rong e Kang-Ning (2009) investigaram o efeito do processo de nixtamalização na perda de ácido fítico do milho através de cinco concentrações de cal (0, 0,6, 1,2, 1,8 e 2,4 %) em quatro durações de cozedura (0, 45, 60 e 75 minutos) e, posteriormente, de imersão durante cinco períodos (0, 2, 4, 6 e 8 horas). Entre os tratamentos, a maior perda de ácido fítico dos três tipos de milho e os seus parâmetros de processamento (concentração de cal, duração da cozedura e horas de imersão) foram de 17,4% (1,2%, 75 minutos e 4 horas), 14,9% (1,8%, 75 minutos e 4 horas) e 27,5% (1,8%, 75 minutos e 4 horas), respetivamente.

ii. Irradiação

Hassan *et al.* (2009) investigaram o efeito da irradiação gama na qualidade nutricional de duas cultivares de milho e de uma cultivar de sorgo com doses expostas de 2 kGy. A irradiação não afectou significativamente a composição proximal, o conteúdo mineral e a biodisponibilidade mineral. No entanto, reduziu o teor de ácido fítico e de taninos e aumentou a digestibilidade in vitro das proteínas.

iii. Propriedades reológicas

O efeito do teor de cálcio na farinha de milho nos perfis de análise rápida de viscosidade foi estudado utilizando o processo tradicional de nixtamalização com diferentes tempos de maceração de 0, 1, 5, 6, 10, 13 e 24 horas. O grão de milho macerado durante 6 a 24 horas aumenta o teor de cálcio na farinha de milho, o que aumenta o pico de viscosidade e desenvolve um ponto de rutura. O cálcio inibe a gelatinização durante o processo de nixtamalização, promove a agregação e possíveis ligações cruzadas que irão aumentar a viscosidade (Fernandez-Munoz *et al.*, 2011).

O efeito do hidróxido de cálcio nas características físico-químicas do milho azul extrudido foi estudado por Zazueta-Morales *et al.* (2002). O índice de expansão dos extrudados, a cristalinidade, o binário (carga resistiva no motor), os índices de absorção de água e de solubilidade em água diminuíram e as características de colagem de viscosidade final, viscosidade mínima e viscosidade de recuo aumentaram com as concentrações de hidróxido de cálcio.

Grossmann *et al.* (1998) estudaram os efeitos do tempo de maltagem (1, 3, 5 dias) e da temperatura de maltagem (20, 25, 30° C) nas propriedades de pastelaria da farinha de milho. Tanto o pico de viscosidade como a viscosidade a frio diminuíram com o aumento do tempo até ao terceiro dia, mantendo-se estáveis posteriormente. Para obter uma viscosidade baixa e um índice de absorção de água elevado sem grandes perdas de proteínas, recomendam-se temperaturas de 20 a 25°C durante 3 dias.

Haros *et al.* (2004) investigaram as propriedades térmicas e de pastoreio do amido de milho em infusão na presença de ácido lático e em diferentes tempos de infusão (8, 16,

24, 32 e 40 horas). O aumento do tempo de maceração de 8 para 40 horas melhorou significativamente a separação entre os componentes do milho, indicado por uma elevada recuperação do amido. A presença de ácido lático na água de maceração melhora consideravelmente a recuperação do amido do grão de milho. Os perfis de viscosidade do amido de milho de diferentes tempos de maceração eram muito semelhantes. Apenas se observou um ligeiro aumento da temperatura de pastoreio com o aumento do tempo de maceração. A adição de ácido lático na água de maceração baixa os picos de viscosidade em relação à amostra de amido de milho macerada sem ácido lático.

Balasubramanian *et al.* (2012) avaliaram o efeito da incorporação de leguminosas descascadas seleccionadas (grama preta, grama verde, lentilhas e ervilhas) nas características de colagem de extrudados à base de arroz e milho feitos com extrusora, em comparação com compósitos em bruto. Relativamente às características de colagem, existe uma tendência decrescente dos parâmetros viscosos, nomeadamente o pico de viscosidade, a viscosidade mínima, a quebra e a viscosidade final, com o aumento do nível de incorporação de leguminosas. O nível de leguminosas até 15 por cento, utilizando leguminosas descascadas, mostra uma tendência promissora para a produção de farinha instantânea de baixo custo e de alimentos para bebés.

Os perfis de colagem de amidos de milho, feijão mungo, mandioca e sagu e os seus amidos hidrolisados por enzimas amilolíticas (alfa-amilose e glucoamilase) foram estudados por Uthumporn *et al.* (2010). A temperatura de pastelagem para os amidos de controlo e hidrolisados não foi significativamente diferente, indicando que a temperatura de início da viscosidade permaneceu a mesma, mesmo após a hidrólise enzimática. O pico de viscosidade diminuiu e mostrou que a degradação extensiva do amido de milho pela enzima era evidente a partir de muitos poros na superfície dos grânulos. Estes orifícios reduziram a capacidade do grânulo para reter água e, por conseguinte, diminuíram o pico de viscosidade.

v. Extrusão

Peas e Mega (2004) comparam as farinhas de grãos inteiros de milho de qualidade proteica (QPM) e de milho normal extrudido em condições controladas, com o objetivo de avaliar o efeito da extrusão no perfil de aminoácidos essenciais e na cor da matéria-prima utilizada na produção de extrudidos à base de milho. A extrusão causou uma diminuição no conteúdo dos aminoácidos essenciais, isoleucina, leucina, lisina, teronina e valina, quando comparados com as suas farinhas originais. No entanto, o teor de histidina, metionina, fenilalanina e triptofano não foi diferente entre as farinhas e os extrudados da mesma origem. As amostras de QPM, tanto cruas como extrudidas, eram significativamente mais elevadas em lisina, metionina e triptofano em comparação com o milho normal.

Zeng *et al.* (2011) estudaram as propriedades funcionais da farinha de milho crua e extrudida. A farinha de milho extrudida apresentou índices elevados de absorção de água e solubilidade em água em comparação com a farinha de milho crua. Os parâmetros de viscosidade de pico de viscosidade, desagregação, recuo e viscosidade final foram reduzidos e os parâmetros de viscosidade a frio foram melhorados à medida que a fração da farinha extrudida na mistura aumentava. Cerca de 60% de mistura de farinha crua e 40% de mistura de farinha extrudida revelaram ter melhor qualidade de massa entre outras proporções de mistura.

Rytel *et al.* (2013) relataram o efeito da adição de proteínas (proteína de soja e de batata) na qualidade dos extrudados de milho extrudido. A adição mais elevada (6%) de proteínas aos extrudados acabou por reduzir significativamente os teores de gordura (em 18%) e de cinzas (em 50%) e aumentar o teor de proteínas totais em 26%, em média. A adição de proteína de batata aos extrudados, especialmente na dose mais elevada (6%), melhorou significativamente a sua consistência e textura, diminuindo simultaneamente o índice de expansão dos produtos. Os extrudados produzidos com a adição de proteína de soja caracterizaram-se por uma boa taxa de expansão, estrutura uniforme, independentemente da dose de preparação.

vi. Gelatinização

Os granulados extrudidos foram preparados a partir de amido de milho normal utilizando uma extrusora e depois expandidos por aquecimento num forno micro-ondas convencional durante 70 segundos. O grau de gelatinização e o teor de humidade dos granulados foram determinantes para a forma, o volume de expansão, a densidade e a eficiência de sopro dos produtos de micro-ondas. A eficiência máxima de insuflação e o volume de expansão dos pellets foram atingidos pelo amido de milho extrudido a 90°C com 52% de gelatinização e 11% de humidade. A eficiência máxima de sopro e o volume de expansão foram alcançados com humidade entre 10 e 13%. Para obter uma forma óptima do produto e uma distribuição uniforme das células de ar, os pellets devem sofrer uma libertação súbita do vapor sobreaquecido durante o aquecimento por micro-ondas. A expansão por aquecimento por micro-ondas foi optimizada a 50% de gelatinização (Lee *et al.*, 2000).

Yaseen *et al.* (2010) efectuaram a investigação de hidrocolóides para melhorar a qualidade do pão de forma de milho e trigo. A adição de goma-arábica ou de pectina a 1, 2 e 3 por cento à mistura de farinha de trigo e de milho (80:20) mostrou uma menor absorção de água, estabilidade da massa, extensibilidade, resistência à extensão e energia da massa do que a massa de farinha de trigo. No entanto, o volume do pão, o volume específico e a humidade do miolo melhoraram com a adição de goma-arábica ou pectina.

Hussein *et al.* (2011) estudaram a farinha de milho gelatinizada (GCF) com farinha de triticale (TF) e ambas no pão de tortilha. A incorporação de farinha de triticale e de farinha de milho gelatinizada no pão de tortilha melhorou a proteína, a gordura, a fibra, as cinzas, os hidratos de carbono totais e os minerais (magnésio, cálcio, potássio, fósforo, sódio, cobre e ferro) e reduziu os parâmetros reológicos e a leveza do pão.

Os amidos granulares nativos (milho, feijão-mungo e sagu) foram hidrolisados utilizando uma mistura de alfa-amilase e glucoamilase a 35°C durante 24 horas. As enzimas amilolíticas foram capazes de hidrolisar amidos granulares a uma temperatura de subgelatinização (35°C) e estas enzimas conseguiram uma conversão relativamente elevada de amido em açúcares fermentáveis. A micrografia de microscopia eletrónica de varrimento mostrou que o amido de milho tinha sido extensivamente degradado, exibindo a estrutura mais porosa e o valor mais elevado de equivalente de dextrose em comparação com outros amidos (Uthumporn *et al.*, 2010)

2. Modificação química

O amido de milho foi modificado quimicamente por oxidação, acetilação, hidroxipropilação e ligação cruzada e os índices de digestão e glicémico destes amidos modificados foram examinados por Chung *et al.* (2008). O tipo de modificação por hidroxipropilação, acetilação e oxidação aumenta a quantidade de amido resistente, diminuindo o teor de amido de digestão lenta no amido de milho. Por gelatinização, todos os amidos, independentemente do tipo de modificação, foram mais rapidamente hidrolisados e o amido hidroxipropilado apresentou o valor glicémico mais baixo de todos os amidos.

3. Componentes químicos do milho

Alamerew (2008) avaliou os teores de proteína, lisina e triptofano em 12 genótipos de milho com proteína de qualidade e concluiu que os teores de proteína, lisina e triptofano variavam entre 6,87 e 12,02%, 2,33 e 3,54% e 0,50 e 0,92%, respetivamente. As proteínas das sementes de milho são classificadas como albuminas (3%), globulinas (3%), prolaminas (60%) e glutelinas (34%), com exceção das prolaminas, e todas as fracções são relativamente equilibradas em termos de aminoácidos (Huang *et al.,* 2004)

Zilic *et al.* (2011) avaliaram o valor nutritivo de oito híbridos de milho, incluindo dois tipos de milho doce, pop, vermelho, branco, ceroso, amarelo semi-flint e amarelo dentado. O valor nutritivo mais elevado foi registado no milho doce, que apresentou o teor mais elevado de proteínas totais, albumina, triptofano, açúcares e fibras alimentares. Além disso, o baixo teor de amido (55,32% e 54,59%, respetivamente) e lignina (0,39% e 0,45%) afectou a maior digestibilidade da matéria seca (92,69% e 91,07%) da farinha de milho doce. A farinha do híbrido de milho ceroso caracterizou-se por um pico de viscosidade claro e elevado.

Bressani *et al.* (1990) trataram doze variedades de milho (11 de milho comum e uma variedade QPM) com uma solução de cal. Todas as variedades de milho apresentaram aumentos de cálcio e magnésio do milho cru para o milho tratado com cal e uma pequena diminuição de sódio e potássio. A fibra alimentar total diminuiu e a composição em ácidos gordos foi semelhante entre as amostras de milho

Sharma *et al.* (2002) avaliaram a qualidade nutricional de cinco genótipos melhorados de variedades de milho. Os resultados revelaram que as variedades de milho continham 8,21 - 8,85 por cento de humidade, 8,65 - 10,25 por cento de proteínas, 4,00 - 5,00 por cento de teor de gordura. Entre as variedades de milho, as variedades Parkash e Paras foram consideradas superiores em termos de teor de proteínas, gordura e triptofano.

Nasir *et al.* (2010) afirmaram que a farinha de milho desengordurada continha 27,6 por cento de proteína bruta, 13 por cento de fibra bruta e 7,5 por cento de teor de cinzas. Foi misturada (5 a 25 %) com farinha de trigo para fazer bolachas, fornecendo 13,3-16,9 por cento de proteína bruta, 1,7 - 2,6 por cento de gordura bruta, 2,1 - 4,8 por cento de fibra bruta e 1,4 - 2,9 por cento de teor de cinzas.

Roy e Singh (2013) compararam a farinha de milho tradicional e melhorada por tratamento com cal (1% CaOH) e adição de igual quantidade de farinha de trigo germinada. A farinha de milho melhorada tinha um valor calórico mais elevado (347 kcal), proteína (12,58 g), cálcio (60,80 mg), fósforo (267,84 mg), caroteno (99,40 mcg) e niacina (2,92 mg) do que a farinha de milho tradicional: Energia 342 kcal, proteína 11,10 g, cálcio 10 mg, fósforo 348,00 mg, caroteno 90 mcg e niacina 1,80 mg por 100g de farinha.

O cereal de pequeno-almoço pronto a comer à base de milho apresentou um perfil de amido de 71 g de amido total, 61,5 g de amido rapidamente digerível, 0,2 g de amido de digestão lenta, 9,2 g de amido resistente, 72,3 g de glucose rapidamente disponível e 89,5 g de índice de digestibilidade do amido (Bhavya e Prakash, 2012).

Adebayo *et al.* (2010) prepararam o kunu a partir de três cereais diferentes (milho painço, milho e milho da Guiné). Estes produtos têm pH (5,00, 4,69, 4,66), sólidos totais (%) (6,0, 6,0, 6,0), proteínas (%) (1,17, 1,07, 0,88), acidez (%) (0,20, 0,62, 0,26), teor de humidade (%) (94,0, 94,0, 94,0) e oligoelementos (ppm) *viz,* chumbo (0.04, 0.05, 0.03), cobre (1.09, 0.55, 0.62), zinco (3.30, 1.50, 2.19), cálcio (0.55, 4.92, 0.00), manganês (1.05, 0.70, 0.51). Todas as amostras se tornaram mais ácidas com o aumento das horas de armazenamento.

O dambu é um bolinho granulado cozinhado a vapor feito de diferentes tipos de cereais e painço. Ho *et al.* (2009) prepararam o *dambu* utilizando milho e amendoim em diferentes combinações (100:0, 90:10, 80:20, 70:30, 60:40 e 50:50) e avaliaram as características químicas. Continha humidade de 12,9 a 32,8 por cento, cinzas totais de 0,4 a 7,4 por cento, gordura de 0,7 a 15,2 por cento, proteína bruta de 5,8 a 14,6 por cento, hidratos de carbono de 35,6 a 74,3 por cento e energia de 300,7 a 359,4 kcal/ 100g.

Veronica *et al.* (2006) referem que um snack extrudido de milho fornece 9,3 ± 0,9 por cento de proteínas, 2,4 ± 0,18 por cento de gorduras, 2,4 ± 0,11 por cento de cinzas e 78,5 ± 2,4 por cento de hidratos de carbono, tendo uma aceitabilidade global de 8,2 ± 1,04.

Rehana e Basappa (1990) estudaram a desintoxicação da aflatoxina no milho através de diferentes métodos de cozedura. Adicionou-se aflatoxina B1 pura à farinha de milho, à sêmola de milho e ao grão de milho a um nível que variava entre 40 e 400ppb e prepararam-se os produtos, *nomeadamente* papas espessas, bolas de farinha, roti e pipocas. Nos produtos cozinhados, a destruição média da aflatoxina variou entre 48 e 51%.

O milho e a mapira foram submetidos a maltagem durante 48 horas e 72 horas e preparadas as bebidas com adição de leite de soja. A bebida preparada contém proteína bruta entre 12,30 e 17,80 por cento, teor de gordura entre 2,63 e 10,13 por cento, teor de cinzas entre 1,25 e 5,30 por cento e valor energético entre 135,40 e 166,52 kcal. Com base na aceitabilidade geral, a bebida à base de leite de soja e farinha de milho e sorgo maltada durante 72 horas foi a mais aceitável (Bolanle *et al.*, 2012).

Produto extrudido de uma mistura de ingredientes crus e pré-torrados (75% de milho, 10% de nozes de ervilha e 15% de soja) dado ao rato. Os produtos extrudidos que se verificou terem melhor qualidade nutricional continham um teor proteico de 16,5 - 18,7%. Os ratos alimentados com extrudados crus e pré-torrados ganharam um peso médio de 60 a 100 vezes e o rácio de eficiência proteica (PER) entre 2,3 e 2,5 (Plahar *et al.*, 2003)

Giwa e Victor (2010) utilizaram farinha composta de farinha de milho de proteína de qualidade (QPM) e farinha de trigo para o fabrico de biscoitos. O teor de proteína e gordura das amostras de bolachas variou entre 10,84 -11,56 % e 12,96 - 15,21 %, respetivamente. O valor energético situou-se entre 431,95 e 443,89 kcal. O rácio de espalhamento e a resistência à rutura da bolacha variaram entre 9,25 e 12,86 e entre 119,16 e 291,35, respetivamente.

Oladunmoye *et al.* (2010) prepararam o pão a partir de farinhas compostas de trigo, milho e farinha de feijão-frade na proporção de 50:30:20, 60:20:20, 70:20:10, 80:10:10, 85:10:5 e 90:5:5. Entre as misturas compostas, o pão produzido a partir de 90% de trigo, 5% de milho e 5% de feijão-frade foi altamente aceitável em comparação com as outras misturas compostas.

Lim e Rosli (2013) prepararam pão com pó de espiga de milho (milho jovem) nos níveis de 2 por cento, 4 por cento e 6 por cento. A adição de pó de milho jovem (YCP) ao nível de 6 por cento aumentou significativamente a fibra alimentar total de 3,48% para 5,26, a humidade de 25,64% para 26,55%, a gordura de 4,35% para 4,61% e a proteína de 9,13% para 9,51%.

No entanto, com o aumento de YCP no pão, o teor de hidratos de carbono diminuiu significativamente de 59,93% para 58,34%, enquanto o teor de cinzas não foi significativamente afetado. A análise do perfil de textura indicou que a adição de YCP até 6% não afectou significativamente os atributos de elasticidade, aumento da dureza, gomosidade e mastigabilidade, mas diminuiu significativamente a coesividade.

Reddy (2011) formulou snacks tufados a partir de grãos de milho, dhal de grama preta, raízes e tubérculos como batata, inhame, batata-doce, colocasia e raiz de beterraba na proporção de 60:20:20, respetivamente. O teor de humidade dos extrudados variou entre 2,1 e 3,3 %g, a proteína foi máxima no produto feito de milho, dhal de grama preta e raiz de beterraba e mínima nos snacks extrudidos incorporados de grão de milho, dhal de grama preta e batata doce. O teor de cinzas e de gordura variou de 0,5 a 3,3 g e de 5,0 a 12,8 g, respetivamente.

4. Atividade antioxidante

A atividade antioxidante do grão de milho foi determinada utilizando três métodos diferentes por Sreeramulu *et al.* (2009). A atividade de eliminação do radical DPPH expressa como equivalente trolox, poder antioxidante redutor férrico (μmol/g) e poder redutor (mg/g) e os correspondentes foram 1,39, 86,29 e 1,20 respetivamente

Capítulo 7

Importância nutricional do milho

Importância nutricional do milho

O milho, uma boa fonte de hidratos de carbono e rico em fibras alimentares (2,7g/100g), é atualmente aceite como parte essencial de uma dieta nutricional equilibrada. O milho previne várias doenças, nomeadamente a obstipação, o cancro do cólon, a obesidade, a diabetes, a hipertensão e certos tipos de doenças cardíacas. É também rico em ferro (3 mg), zinco (3 mg), gordura (3,6 g) e teor proteico de 11 g por 100 g de milho (Ramu e Sunitha, 2012). O milho é uma boa fonte de muitos nutrientes, incluindo tiamina, ácido pantoténico, folato, fibra alimentar, vitamina C, fósforo e manganês. O folato presente no milho ajuda a manter a hemocisteína, que é diretamente responsável por danos nos vasos sanguíneos, ataques cardíacos, acidentes vasculares cerebrais e doenças vasculares periféricas. A crptoxantina presente no milho pode reduzir o risco de cancro dos pulmões em 27% com o seu consumo diário (Saikia e Deka, 2011).

O grão de milho é maioritariamente constituído por endosperma rico em amido (71%), tanto para o embrião como para o endosperma, que contém proteínas, mas as proteínas do gérmen são superiores em qualidade e quantidade (Sofi *et al.*, 2009). A proteína do endosperma do milho consiste em quatro fracções: albuminas solúveis em água (3%), globulinas solúveis em sal (3%), zeína solúvel em álcool ou prolamina (60%) e glutelina solúvel em álcali (34%), que são ricas em glutamina, prolina, alanina e leucina (Vasal, 2002).

O processo de nixtamalização aumenta o valor nutricional do milho, melhorando a qualidade das proteínas, aumentando a disponibilidade de cálcio e niacina e reduzindo os níveis de ácido fítico (Cuevas-Martinez *et al*, 2010). A cozedura do grão de milho inteiro com cal provoca alterações químicas que aumentam consideravelmente a quantidade de cálcio e a biodisponibilidade de niacina, lisina, triptofano e isoleucina. No entanto, ocorrem perdas de 30 a 60 por cento de tiamina, riboflavina, niacina, gordura e fibra (Nuss e Tunumihardjo, 2010). A nixtamalização aumenta a proporção de lisina e isoleucina, o teor de cálcio e a digestibilidade das proteínas e diminui a contaminação por aflatoxinas (Atienzo-Lazos *et al.*, 2011).

Gupta (2001) referiu que o bagaço de gérmen de milho desengordurado processado (PDMGC) continha 23,90 por cento de proteínas, lisina e triptofano, com um teor de 4,90g/16gN e 1,15g/16gN, respetivamente. A adição de PDMGC ao milho normal na proporção de 1:1 à base de proteínas melhorou o valor biológico, a utilização líquida de proteínas, o azoto utilizável e o rácio de eficiência alimentar em 18,2, 11,4, 60,6 e 20,0 por cento, respetivamente.

Moreau *et al.* (2007) compararam o nível de luteína e zeaxantina em óleo de gérmen de milho, óleo de fibra de milho e óleo de amêndoa de milho com extrato de hexano e etanol. Os níveis de luteína e zeaxantina no óleo variaram entre 2,3 mg/g para o óleo de gérmen de milho extraído com hexano e 220,9 mg/g para o óleo de milho moído extraído com etanol. Estes resultados indicam que uma dieta que inclua 30 g por dia de óleo de milho não refinado obtido por extração de milho moído com etanol forneceria cerca de 6 mg de luteína e zeaxantina, a dose diária considerada necessária para retardar a progressão da degenerescência macular relacionada com a idade.

Bolanle *et al.*, (2012) prepararam as bebidas a partir de misturas de milho amarelo maltado, sorgo branco e leite de soja. As bebidas desenvolvidas contêm proteína bruta entre 12,30 e 17,80 por cento, gordura entre 2,63 e 10,13 por cento, cinzas entre 1,25 e 5,30 por cento e conteúdo energético entre 135,40 e 166,52 kcal. As bebidas à base de misturas de cereais e leguminosas são adequadas para diferentes grupos etários, em especial para crianças em idade escolar.

Estudos clínicos efectuados com o milho e os seus produtos alimentares transformados

A importância dietética do milho foi estudada por Mboya *et al.* (2011) no distrito de Katmba, distrito de Rungewe, na Tanzânia, e verificou que as famílias rurais no distrito de Katumba preferem refeições de milho e podem obter 66,8 a 69,5% da energia total e 83 a 90% da proteína necessária por dia através do consumo de refeições de milho. Assim, o milho é uma cultura alimentar muito importante para a melhoria de regimes alimentares saudáveis e para a segurança alimentar dos consumidores

Num estudo transversal realizado no distrito de Kilosa, na Tanzânia, a avaliação da dieta durante 24 horas revelou que as crianças consumiam papas de milho simples, painço, arroz e papas compostas de amendoim como alimentos complementares. Os alimentos complementares cobriam 21, 55 e 61 por cento das necessidades energéticas diárias totais das crianças com idades entre os 3-5, 6-8, 9-11 e 12-23 meses, respetivamente (Mamiro *et al.*, 2005)

Kendall *et al.* (2008) estudaram o efeito da fibra alimentar à base de milho na glicemia pós-prandial e na insulinemia em 12 voluntários saudáveis. Os sujeitos foram alimentados com sete bebidas de teste que continham ingredientes de fibra alimentar à base de milho e os resultados do teste mostraram uma resposta glicémica e insulínica pós-prandial significativamente mais baixa do que a glicose, que foi utilizada como controlo.

O índice glicémico (IG) dos grãos de milho com proteína de qualidade, do arroz moído e da mistura destes dois alimentos foi determinado por Panlasigui *et al.* (2010). A área incremental calculada sob a curva de resposta à glicose (IAUC) varia significativamente entre os alimentos testados, com os grãos de QPM puros a produzirem o IAUC mais baixo em relação ao controlo. Os valores resultantes do IG dos alimentos testados foram 80,36, 119,78 e 93,17 para os grãos de milho QPM puros, arroz moído e mistura de grãos de arroz-QPM, respetivamente. O grits de milho QPM puro tem uma resposta glicémica mais baixa em comparação com o arroz moído e a mistura de grits de milho e arroz.

Rong e Kang-Ning (2009) examinaram o efeito da nixtamalização e a biodisponibilidade do ferro no milho para suínos jovens. A concentração de hemoglobina, o volume de células compactadas e a contagem de glóbulos vermelhos melhoraram com o milho nixtamalizado, em comparação com o milho não nixtamalizado. O ganho médio diário e o consumo médio diário de ração aos 14th e 28th dias foram mais elevados nos suínos agrupados nixtamalizados. O milho cozinhado com cal pode melhorar o estado do ferro e o desempenho do crescimento dos porcos ao desmame.

Os efeitos de produtos dietéticos obtidos por nixtamalização e extrusão de QPM, sobre a eficiência de conversão alimentar em ratos Wister e comparados com marca comercial. Oito dietas, tais como farinha QPM crua, farinha QPM nixtamalizada e extrudida, tortilhas de farinha QPM nixtamalizada e extrudida, farinha de milho comercial, tortilhas comerciais e dieta de caseína com 5 % de celulose como controlo. O resultado mostrou que a eficiência da conversão alimentar foi maior nos produtos QPM em comparação com as tortilhas comerciais. O método de processamento, como a nixtamalização e a extrusão, não reduziu o valor nutritivo dos produtos QPM. Para além de fornecer proteína de boa qualidade, também fornece uma proporção significativa de fibra, que tem efeitos benéficos para a saúde (Robles-Ramirez *et al.,* 2011).

Suplementos nutricionais preparados a partir de Proteína de Qualidade de Milho, açúcar mascavado, banana, farinha de aveia com e sem farinha de soja, dados a ratos Fisher machos com 21 dias de idade.

O Rácio de Eficiência Proteica (PER), a Utilização Líquida de Proteína (NPU), a Retenção Líquida de Proteína (NPR) e a digestibilidade da dieta com e sem farinha de soja foram 2,41 ± 0,17, 2,10 ± 0,58, 102,28 ± 2,97, 114,18 ± 29,63, 3,96 ± 0,48, 2,69 ± 1,36 e 91,8 ± 0,7, 91,3 ± 1,5 respetivamente. O resultado sugeriu que o QPM mostrou um bom potencial para utilização em suplementos nutricionais, especialmente quando associado à farinha de soja (Paula *et al.,* 2004)

Capítulo 8

Valor acrescentado do milho

Valor acrescentado do milho

Atualmente, está disponível no mercado uma variedade de alimentos de conveniência à base de cereais e leguminosas, que incluem cereais de pequeno-almoço, produtos de panificação, massas alimentícias, alimentos fermentados, cereais germinados e maltados e leguminosas, alimentos para bebés, etc. Os produtos à base de cereais, tais como bolachas, biscoitos e cereais de pequeno-almoço, representam uma fonte predominante de energia na dieta humana, especialmente para as crianças (Bhatia, 2008).

a. Alimentos tradicionais

A farinha QPM e o suji (sêmola) encontraram o seu lugar, de uma forma ou de outra, em algumas partes do nosso país, como Uttar Pradesh, Punjab e Rajasthan, para a preparação de vários pratos doces e salgados, incluindo papas grossas e finas, panquecas secas, idli, dosa, vada, shev, chakkuli, laddu, payasam e assim por diante (Shobha *et al.,* 2011).

Tradicionalmente, o milho é utilizado na produção de tortilha, que é o principal alimento básico da dieta mexicana. O consumo per capita de tortilha é superior a 120 kg/ano, o que equivale a 328 g/dia (Grajales - Garcia *etal,* 2012).

b. Produtos fermentados

O uji é uma papa fina fermentada com ácido lático, preparada a partir de farinha de mandioca ou de cereais inteiros moídos de milho, sorgo e mexoeira, e é muito consumida na África Oriental como bebida refrescante. Onyango *et al.* (2005) prepararam Uji usando milho e milho painço com ácido lático e ácido cítrico e depois a pasta fermentada foi seca em farinha. Os extrudados foram desenvolvidos usando a farinha seca. A extrusão aumentou a digestibilidade *in vitro do* amido e da proteína, reduziu a fibra alimentar total e o teor de tanino da farinha de Uji.

As papas de cereais fermentadas preparadas a partir de farinha de milho e farinha de amendoim bambara na proporção de 70:30 mostraram melhor aceitabilidade em África e estavam em conformidade com as especificações recomendadas pelo Instituto Nacional de Nutrição e Organização para a Alimentação e Agricultura (FAO) (Mbata *et al.*, 2009).

O milho amarelo, o sorgo, o feijão-frade, o nabo silvestre e a batata-doce foram fermentados durante 72 horas em água numa proporção de 1:3 (W/V), secos ao sol até 5 por cento de humidade e moídos em farinhas finas. As farinhas foram misturadas em oito combinações de farinhas compostas à base de proteínas. Entre as oito combinações, as papas preparadas a partir de sorgo e feijão-frade (70:30) e milho e feijão-frade (70:30) tiveram maior aceitabilidade organoléptica do que as outras misturas (Mbah, 2009).

Ho *et al.* (2009) prepararam o dambu, um bolinho granulado cozinhado a vapor feito de diferentes tipos de painço, consumido sobretudo na parte norte da Nigéria. O dambu feito com milho e grãos de amendoim em proporções de 50:50 teve a pontuação mais alta de aceitabilidade geral de 6,7.

O kunu é uma bebida nigeriana agridoce produzida a partir de cereais. Adebayo *et al.* (2010) prepararam o kunu a partir de milho e avaliaram os atributos sensoriais. O kunu à base de milho obteve uma pontuação de 7,9 para a aceitabilidade global.

Bolanle *et al.* (2012) formularam as bebidas a partir de misturas de milho maltado: leite de soja, sorgo maltado: leite de soja e milho maltado: sorgo maltado: leite de soja para crianças em idade escolar. Os grãos foram submetidos a um período de maltagem de 48 horas e 72 horas, depois foram mortos e moídos até se transformarem em farinha. As bebidas foram preparadas com estas farinhas e foi efectuada uma avaliação sensorial. As bebidas de milho maltado durante 72 horas com leite de soja tiveram a pontuação sensorial mais elevada entre as outras bebidas.

Masa é um bolo frito à base de milho-miúdo fermentado espontaneamente no Gana, preparado a partir de amostras de massa de milho-miúdo fermentado nixtamalizado e não nixtamalizado. A nixtamalização melhorou os teores de proteína bruta e de cinzas das amostras de massa de painço, enquanto os teores de gordura e de fibra diminuíram. Durante a fermentação, observou-se uma redução do pH e um aumento da acidez total titulável nas amostras de massa de milho nixtamalizada e não nixtamalizada. A contagem de bactérias lácticas (LAB) e de leveduras atingiu 9,4 e 8,0 log ufc/g, respetivamente, para o painço não nixtamalizado após 14 horas de fermentação, enquanto que para as amostras de painço nixtamalizado, a contagem de LAB e de leveduras atingiu 7,6 e 7,5 log ufc/g, respetivamente. A avaliação sensorial do consumidor da masa produzida a partir de painço fermentado nixtamalizado melhorou a textura, a cor e a aceitabilidade geral em comparação com a masa tradicional à base de painço fermentado não nixtamalizado (Owusu-Kwarteng e Akabanda, 2013).

c. Alimentos para refeições ligeiras

Os snacks são pequenas quantidades de alimentos ingeridos entre as refeições. Os snacks podem ajudar a satisfazer as necessidades acrescidas de nutrientes e calorias dos adolescentes (Selvi e Beatrice, 2013). Os snacks estão a ser utilizados por quase todos os grupos etários. Os adultos consomem snacks como batatas fritas, produtos de padaria e outros doces como parte da sua refeição ou como snack (Nagalakshmi e Beatrice, 2013). Sood *et al.* (2009) desenvolveram e avaliaram a linhaça suplementada em amaranto e bolas doces à base de sésamo com açúcar de cana. O teor de proteína, gordura e energia das bolas doces variou de 8,85 a 13,61 por cento, 3,88 a 25,08 % e 407 a 509 kcal/ 100g, respetivamente.

Na Nigéria, o akara é um snack de pasta de grão-de-bico frito, geralmente preparado a partir de feijão-frade. Enquanto Chikwendu (2007) preparou akara a partir de misturas fermentadas e germinadas de feijão-miúdo e milho. O grão-de-bico e o milho (70:30) foram germinados durante 48 horas e 72 horas, moídos em farinha e preparadas bolas de akara. O akara de misturas fermentadas de feijão-frade e milho tinha mais hidratos de carbono, zinco, cálcio, magnésio e iodo do que o controlo preparado a partir de feijão-frade.

O Kokoro é um petisco local popular da Nigéria, proveniente da substituição da farinha de milho por farinha de soja desengordurada ou farinha de bolo de amendoim (rácios de substituição 9:1, 7:3, 5:5, 3:7 e 1:9), foi avaliado quanto às qualidades sensoriais e de proximidade. O aumento da substituição com os dois substitutos aumentou progressivamente o teor de proteínas e gorduras, mas reduziu os teores de cinzas, fibra bruta e hidratos de carbono. Além disso, a crocância e a aceitabilidade global do kokoro diminuíram com o aumento da substituição. Os produtos feitos a partir da substituição 9:1 foram bem aceites e comparados favoravelmente com o produto de milho inteiro (Uzor-Peters *et al.*, 2008).

Boonyasirikool e Charunch (2000) formularam seis fórmulas de aperitivos à base de milho com várias proporções de grãos de milho: carbonato de cálcio: óleo de soja por processo de extrusão. As amostras de produto com melhores propriedades físicas eram compostas por 93 % de grão de milho, 1 % de CaCo3, 2 % de óleo de soja, 3 % de açúcar e 1 % de misturas de vitaminas e minerais, com um rácio de expansão de 3,90, uma densidade aparente de 70 g/L e uma força de compressão de 69,2 N. Foi efectuada uma substituição adicional de 10 a 80 % de grão de milho por arroz partido, o que resultou em 17 fórmulas. Entre as 17 fórmulas, o grão de milho e as trincas de arroz, na proporção de 50:50, obtiveram as pontuações mais elevadas em termos de sabor, textura e aceitabilidade global, com 7,05, 7,05 e 7,15 (escala hedónica de 9 pontos), respetivamente. Mostrou

3,70 de coeficiente de expansão, 76,60 g/l de densidade aparente e 96,5 N de força de compressão.

O efeito da adição de feijão branco comum nas propriedades nutricionais, físico-químicas e texturais das tortilhas foi determinado por Cuevas-Martinez *et al.* (2010). As misturas de milho e feijão utilizadas foram 100:0, 95:5, 90:10, 85:15, 80:20 e 75:25. As misturas foram processadas usando o processo tradicional de nixtamalização. À medida que a quantidade de feijão aumentava nas tortilhas, foram registados teores mais elevados de proteínas, lisina e triptofano. Até 25%, a incorporação de feijão não afectou as propriedades físico-químicas e texturais das tortilhas. Concluiu-se que as tortilhas produzidas com estas misturas não só melhoram a qualidade das proteínas como também têm propriedades físico-químicas e texturais semelhantes às das tortilhas preparadas com milho.

d. Alimentos de desmame

Os alimentos de desmame feitos de cereais e leguminosas são utilizados para resolver o problema da malnutrição em bebés. Amankwah *et al.* (2009) prepararam papas com 70 por cento de farinha de milho e 30 por cento de farinha de soja como controlo. Além disso, a papa foi formulada utilizando 5 a 10 por cento de malte de farinha de milho e a papa foi fermentada durante 3 dias com a mistura de 30 por cento de farinha de soja. Os resultados revelaram que o malte e o tempo de fermentação aumentaram a viscosidade das papas e também aumentaram o teor de proteínas, gorduras e fibra bruta.

Isaac e Koleosho (2012) prepararam os alimentos complementares na proporção 70:30 utilizando três métodos de processamento diferentes. Os três alimentos complementares foram preparados com milho e soja torrados, milho e soja fermentados e milho e soja germinados. Os três métodos de processamento produzem alimentos de desmame com maior teor de proteína, energia, fósforo e vitamina C.

e. Alimentos de conveniência

Os alimentos de conveniência são definidos como artigos que requerem pouca ou nenhuma preparação. O pequeno-almoço é a refeição mais importante do dia e os cereais de pequeno-almoço oferecem a escolha mais densa em nutrientes e com menos gordura ao pequeno-almoço. São alimentos de conveniência feitos de grãos processados, que não precisam de ser cozinhados (Fathima *et al.*, 2013)

Karuppasamy *et al.* (2011) desenvolveram a combinação de misturas à base de sorgo e milho como 40:60, 50:50 e 60:40. Entre as combinações, a de sorgo e milho (50:50) era altamente nutritiva, de baixo custo e pode ser efetivamente utilizada na preparação de alimentos nutritivos como laddu, uthiripittu, kuzhapittu e roti. Verificou-se que o prazo de validade das misturas era bom até 90 dias em condições ambientais com materiais de embalagem de polietileno de alta densidade e de polipropileno metalizado.

Bhavya e Prakash (2012) analisaram a composição nutricional de quatro variedades diferentes de cereais integrais prontos a consumir ao pequeno-almoço, nomeadamente milho, trigo, ragi e mistura de painço, e concluíram que a disponibilidade de minerais e de proteínas digeríveis era boa em comparação com outros alimentos à base de cereais. O perfil do amido mostrou uma digestibilidade elevada com baixo teor de glucose lentamente disponível e contribui com quase $1/4^{th}$ das necessidades diárias de nutrientes.

f. Extrusão

A cozedura por extrusão ganhou popularidade entre as indústrias de transformação de alimentos para consumo humano e animal e a compreensão dos fenómenos complexos envolvidos no processo ajuda a melhorar o valor nutritivo dos produtos alimentares extrudidos. As tecnologias de extrusão consideradas como um processo de cozedura de curta duração a alta temperatura têm sido cada vez mais utilizadas na preparação de cereais de pequeno-almoço, snacks e alimentos para bebés. (Hameed e Saraswathi, 2013)

Ugarcic-Hardi *et al.* (2007) prepararam os noodles a partir de farinha de trigo e farinha de milho com diferentes proporções (80% de farinha de trigo: 20% de farinha de milho extrudido, 80% de farinha de trigo: 20% de farinha de milho e 80% de farinha de trigo: 10% de farinha de soja desengordurada: 10% de farinha de milho). As noodles feitas com milho extrudido e farinha de milho tiveram a pontuação sensorial total mais elevada e uma perda de cozedura inferior a 10%.

Foram preparadas sete misturas compostas com farinha de milho painço castanho, farinha de milho, farinha de arroz, farinha de soja gorda, farinha de grama de bengala e leite em pó desnatado em proporções variáveis e desenvolvidos os extrudados prontos a comer por Sawant *et al.* (2013). Os extrudados tinham uma densidade aparente que variava entre 0,1618 e 0,3946 g cm^{-3} , enquanto o rácio de expansão variava entre 2,42 e 3,50. O índice de absorção de água dos extrudados variou de 3,96 a 6,87 por cento. As pontuações médias da avaliação organoléptica mostraram que todos os produtos extrudidos preparados a partir das sete misturas compostas estavam dentro da gama aceitável. Verificou-se que a mistura composta que incluía farinha de milho painço castanho, farinha de milho, farinha de arroz e farinha de soja gorda na proporção de 20:50:20:10 produziu os extrudados prontos a comer mais aceitáveis em termos de rácio de expansão (3,5), dureza (23,37 N) e características sensoriais (8,87).

Os aperitivos extrudidos à base de milho foram fortificados com grãos de soja parcialmente desengordurados (PDS) a 10, 20 e 30 por cento do peso total. A incorporação de grãos de soja desengordurados num snack à base de milho teve um efeito positivo nas propriedades químicas, mas teve um efeito negativo nas características físicas e sensoriais. Os resultados revelaram que até 20% de grãos de soja desengordurados podem ser utilizados em snacks extrudidos tufados à base de milho (Verónica *et al.*, 2006).

Reddy (2011) formulou aperitivos tufados a partir de grãos de milho, dhal de grama preta, raízes e tubérculos como a batata, o inhame, a batata-doce, a colocásia e a raiz de beterraba em proporções de 60:20:20, respetivamente. Entre as formulações, os extrudados feitos com a incorporação de milho e dhal de grama preta isoladamente e de grão de milho, dhal de grama preta e batata foram os mais aceites em comparação com os outros.

Carvalho *et al.* (2008) estudaram o efeito da casca de soja (2,9 a 17,1%) e do teor de água (15,1 a 20,8%) das misturas sobre as propriedades físicas dos extrudados expandidos de milho e verificaram que o aumento da casca de soja e o baixo teor de água resultaram em extrudados de alta densidade aparente. Embora o elevado teor de fibra tenha afetado a qualidade dos extrudados de milho, níveis intermédios de casca de soja (10%) resultaram em extrudados de boa expansão.

O efeito da suplementação de "noodles" com farinha de mandioca e grão de milho nas propriedades físico-químicas dos produtos foi estudado por Obadina *et al.* (2011). A farinha de mandioca e o grão de milho foram suplementados a um nível de 33% e misturados com 67% de farinha de trigo. A aceitabilidade do consumidor de 'noodles' suplementados com grão de milho foi elevada em comparação com o noodles suplementado com mandioca. O teor de fibra aumentou para 1,50% no macarrão com suplemento de mandioca e 3,8% no macarrão com grão de milho. A cor e a textura da massa suplementada eram mais atractivas do que as da massa de mandioca. As massas suplementadas com farinha de mandioca apresentaram um elevado poder de inchamento com maior grau de gelatinização do que as massas suplementadas com grão de milho. Também se pode concluir que as massas suplementadas com farinha de milho ou uma mistura destas farinhas podem ser atractivas como alimento saudável ou como alimento economicamente rico em proteínas.

Robles-Ramirez *et al.* (2011) estudaram o efeito de produtos dietéticos obtidos por nixtamalização e extrusão de milho de proteína de qualidade na eficiência de conversão alimentar (FCE), peso e volume fecal e a digestibilidade aparente da fibra, gordura e energia foram em ratos wistar. A eficiência da conversão alimentar foi maior no QPM em comparação com o método comercial. O processamento não reduziu o valor nutritivo do QPM. A farinha de QPM extrudida mostrou maior eficiência de conversão alimentar do que a farinha de QPM não processada, enquanto a nixtamalização não produziu alterações significativas. Os produtos extrudidos de QPM apresentaram maior teor de fibra, peso e volume de fezes e menor digestibilidade de fibra, gordura e energia do que os produtos nixtamalizados de QPM e a marca comercial. O preparo das tortilhas não causou alterações no teor de fibras dos produtos derivados do milho. Estes resultados mostraram que as farinhas extrudidas de QPM, para além de fornecerem proteínas de boa qualidade, fornecem uma proporção significativa de fibras, o que tem efeitos benéficos para a saúde.

O efeito de suplementar o macarrão com farinha de mandioca e grão de milho nas propriedades físico-químicas do produto foi estudado por Obadina *et al.* (2011). A aceitabilidade do consumidor do macarrão suplementado com grão de milho foi elevada em comparação com o macarrão de grão de mandioca. O teor de fibras aumentou até 3,8 por cento para a massa de milho e 1,50 por cento para a massa de mandioca.

As massas do tipo Bihon são as massas de amido mais comuns, feitas de fios finos, populares nas Filipinas. Tam *et al.* (2004) avaliaram as massas de amido do *tipo bihon a* partir de amido de milho com um teor de amilose de 0,2 a 60,8 por cento. As massas com um teor de amilose de 28% produzem as massas do tipo bihon bem sucedidas, mas os amidos cerosos com um teor de amilose de 0,2 a 3,8% e amilose elevada com 40 a 60,8% não conseguiram produzir massas do tipo bihon.

Surojanametakul *et al.* (2002) investigaram o efeito da substituição parcial da farinha de arroz por 5 a 20 por cento de três amidos diferentes (batata, milho e mandioca) na massa de arroz. As noodles de farinha de arroz contendo vários amidos tinham valores mais elevados de rendimento e perda de cozedura do que as noodles de controlo de farinha de arroz pura. A avaliação sensorial mostrou que 5% de amido de batata, 20% de amido de milho e 10% de amido de mandioca obtiveram as pontuações mais elevadas aceitáveis dentro de cada grupo de amido.

g. Produtos de panificação

Os produtos de panificação são consumidos como aperitivos e, em geral, são feitos com farinha de trigo refinada, gordura animal, fermento em pó e adoçados com açúcar (Rajeshwari e Beatrice, 2013). As tendências de consumo da população dos grupos de rendimento baixo e médio encorajam os produtos de panificação fortificados, o que indica que existe um vasto campo para considerar o enriquecimento nutricional dos produtos de panificação (Sri, 2013).

Pão

Substituição das farinhas de arroz e de milho por farinha de trigo, de 0 a 100 por cento cada, na preparação de pão. A temperatura de pastelaria aumentou com o aumento da percentagem de farinha de arroz e de milho. O peso do pão diminuiu com o aumento progressivo da proporção de farinha de milho, mas aumentou quando a incorporação de farinha de arroz foi aumentada. O volume do pão, a altura do pão e o volume específico diminuíram progressivamente com o aumento da percentagem de farinha de milho e de farinha de arroz. A avaliação sensorial revelou que 25% de substituição da farinha de trigo foi considerada mais aceitável do que o pão de controlo (Rai *et al.,* 2012).

Hussein *et al.* (2011) prepararam o pão utilizando farinha de milho gelatinizada com farinha de triticale em diferentes proporções (90:10, 80:20, 70:30, 60:40 e 50:50). O pão incorporado melhorou o teor de proteínas, gorduras, fibras, cinzas, hidratos de carbono totais e minerais e reduziu os parâmetros reológicos. Entre o pão gelatinizado de farinha de milho e farinha de triticale 50:50 foi o mais aceitável.

A farinha de gérmen de milho com baixo teor de gordura (5, 10 e 15 por cento) foi adicionada à farinha de trigo para a preparação do pão. Os resultados do farinógrafo mostraram que a absorção de água, o tempo de desenvolvimento da massa e as cinzas e proteínas também aumentaram em comparação com o controlo. Entre a amostra, 5 por cento de farinha de gérmen de milho com baixo teor de gordura foi a mais aceitável (Minaeerad *et al.*, 2012).

Malomo *et al.* (2011) avaliaram a qualidade do pão produzido a partir de farinha de fruta-pão e de noz-pão quatro com farinha de trigo em diferentes proporções. O pão produzido a partir da substituição de farinha de fruta do pão e de noz do pão até um nível de 15 por cento na farinha de trigo tinha propriedades nutricionais e sensoriais aceitáveis.

Lopez *et al.* (2004) avaliaram o pão sem glúten utilizando farinha de arroz, amido de milho e amido de mandioca em diferentes proporções. As misturas de farinhas compostas por 45% de farinha de arroz, 35% de amido de milho e 20% de amido de mandioca apresentaram bons resultados em relação aos parâmetros físicos e sensoriais.

Ilamaran *et al.* (2002) prepararam bolos com incorporação de farinha de milho a 10, 20 e 30 % e 10 juízes não treinados avaliaram-nos utilizando uma escala hedónica. As pontuações sensoriais indicaram que a cor, o sabor, a textura e o aroma do bolo preparado com 20 % de incorporação de farinha de milho eram altamente aceitáveis.

Ghatge *et al.* (2012) padronizaram o pão com incorporação de cereja. O pão de cereja contém 48,6 g de hidratos de carbono, 10,8 g de proteína bruta, 4,2 g de gordura, 1,1 g de gordura saturada e micronutrientes como 536 mg de sódio, 2,92 mg de ferro, 11 mg de cálcio por 100 g de pão. Além disso, o pão de cereja tem maior aceitabilidade devido à doçura da cereja e melhor aparência, valor nutritivo e benefícios para a saúde.

Hussein *et al.* (2011) prepararam pão usando farinha de milho gelatinizada (GCF) com farinha de Triticale (TF). As propriedades sensoriais de aroma, firmeza e secura não foram significativamente afectadas, mas foi observada uma diferença significativa no sabor, cor e aceitabilidade geral em diferentes níveis de substituição. Em geral, a suplementação de TF com GCF (50:50%) não afectou significativamente a qualidade tecnológica do pão de tortilha e melhorou o seu valor nutricional.

Ozola *et al.* (2011) prepararam seis tipos de pão sem glúten com e sem adição de farinha de milho extrudida no pão à base de trigo sarraceno, arroz e farinha de milho. Os resultados mostraram que a proporção óptima de farinha de milho extrudida para o pão de trigo sarraceno é de 8,4%, para o pão de milho é de 14,5% e para o pão de arroz é de 40,9%, sendo também estes pães mais macios do que os pães sem adição de farinha de milho extrudida.

O pão foi preparado com a incorporação de pó de milho jovem (2, 4 e 6%) e avaliado sensorialmente utilizando uma escala de classificação de 5 pontos. Os atributos sensoriais, *nomeadamente* o sabor (4,82-4,52), a tenrura (4,53-4,42), a elasticidade (4,75-4,58), o aroma (4,40-4,47), a cor (4,934,55) e a aceitação global (4,80-4,35), foram considerados aceitáveis e potencialmente utilizados para melhorar a qualidade nutricional do pão. Os pães com adição de 4 por cento de pó de milho jovem foram considerados aceitáveis e potencialmente utilizados para melhorar a composição nutricional sem alterar a pontuação sensorial (Lim e Rosli, 2013).

Thilakavathi e Amutha (2006) prepararam produtos de panificação incorporados com farinha de milho, nomeadamente pão, pão achatado, tostas e biscoitos em diferentes proporções e, entre as proporções, 50% de produtos de panificação incorporados com farinha de milho foram considerados aceitáveis.

Biscoitos

Os biscoitos foram preparados usando farinha de batata, farinha de ragi, farinha de milho, farinha de soja em diferentes combinações em diferentes rácios. Entre 18 variedades de biscoitos preparados, a farinha de batata, farinha de ragi e farinha de soja (60:30:10), farinha de batata, farinha de milho e farinha de soja (60:30:10) foram altamente aceitáveis (Nazni e Predeep, 2010b)

Singh *et al.* (2012) determinaram o teor de humidade de equilíbrio do biscoito pelo método estático a quatro temperaturas diferentes (20, 30, 40 e 50°C) e cinco níveis de humidade relativa (20,1 a 93,2%). O teor de humidade de equilíbrio (EMC) do biscoito variou de 4,60 a 23,57% dentro da gama experimental de temperaturas e humidade relativa. O CEM aumentou com o aumento da humidade relativa e diminuiu ligeiramente com o aumento da temperatura

Giwa e Victor (2010) prepararam biscoitos usando farinha composta de proteína de qualidade de milho e farinha de trigo em diferentes proporções. Os biscoitos de farinha de milho de proteína de qualidade integral foram aceitáveis com o controlo. O milho proteico de qualidade tem melhor qualidade proteica do que o milho normal e permite ao consumidor ter alimentos de elevado valor nutricional.

A farinha de gérmen de milho desengordurada foi misturada com farinha de trigo para fazer bolachas com níveis de incorporação de 5 a 25 por cento e os resultados mostraram que a farinha de gérmen de milho desengordurada com um nível de incorporação de até 15 por cento apresentou pontuações sensoriais elevadas em comparação com outros níveis de incorporação (Nasir *et al.,* 2010)

Sawate *et al.* (2009) estudaram a adequação da farinha de trigo duro com as misturas de diferentes proporções de farinhas de arroz na preparação de biscoitos. Não se verificou um aumento do fator de espalhamento com a adição de farinha de arroz e o fator de espalhamento foi igual ao do controlo até 10 % de adição de farinha de arroz, enquanto as qualidades organolépticas eram aceitáveis até 15 % de adição de farinha de arroz com farinha de trigo duro.

Kaur *et al.* (2012b) prepararam farelos de cereais gordos e desengordurados (trigo, arroz, milho, cevada e aveia) a 0, 5, 10, 15 e 20 por cento e substituíram a farinha de trigo em formulações de biscoitos. A proteína bruta, as cinzas, a gordura, a ADF (fibra detergente ácida) e a NDF (fibra detergente neutra) aumentaram com a adição de farelos de cereais aos biscoitos, enquanto os hidratos de carbono diminuíram significativamente. A substituição do farelo de cereais afectou o rácio de espalhamento dos biscoitos nutritivos e o rácio de espalhamento mais elevado foi observado nos biscoitos suplementados com farelo de aveia e a aceitabilidade global mais elevada foi obtida com uma substituição de 5 por cento, que foi igual à do controlo.

Misturas de farinha de plátano e de grão-de-bico, cada uma com concentrações de 0, 10, 20, 30 e 40 %, juntamente com farinha de trigo refinada, foram utilizadas para o desenvolvimento de biscoitos. O rácio de espalhamento diminuiu com a adição das farinhas de plátano e de grão-de-bico até uma concentração de 30 %. A resistência à fratura dos biscoitos aumentou significativamente com a adição das farinhas de plátano e de grão-de-bico e foi mais elevada na concentração de 40 %. O conteúdo de proteína e fibra bruta dos biscoitos aumentou significativamente de 7,1 para 9,2 % e de 1,1 para 3,6 %, respetivamente, com o aumento da extensão das farinhas de grão-de-bico e de plátano nas misturas. Os biscoitos preparados com 20 por cento de banana e 20 por cento de farinha de grão-de-bico com farinha de trigo refinada foram iguais aos biscoitos de controlo (Yadav *et al.*, 2012)

Aziah *et al.* (2012) investigaram os efeitos da substituição da farinha de trigo e da farinha de milho por farinha de leguminosas (feijão mungo e grão-de-bico) em biscoitos em termos de propriedades físico-químicas e organolépticas. Foram preparadas três formulações de biscoitos: controlo (100% de farinha de trigo), feijão mungo (50% de farinha de trigo + 35% de farinha de feijão mungo + 15% de farinha de milho) e grão-de-bico (50% de farinha de trigo + 35% de farinha de grão-de-bico + 15% de farinha de milho). Os resultados mostraram uma diferença significativa em termos de cinzas, proteínas, fibra bruta e hidratos de carbono totais entre as bolachas. Entre os três tipos de bolachas, a bolacha de grão-de-bico tinha um teor significativamente mais elevado de proteínas e de amido resistente. A bolacha de feijão-mungo foi a mais elevada em termos de peso, diâmetro, altura e rácio de espalhamento. A medição da textura mostrou que as bolachas de grão-de-bico eram significativamente mais duras, estaladiças, elásticas, gomosas e mastigáveis do que os outros dois tipos de amostras. Na avaliação sensorial, as bolachas de grão-de-bico apresentaram o melhor sabor, crocância e aceitabilidade.

A farinha de semente de sésamo desengordurada substituiu o painço (Pennisetum typhoides) a 30, 40 e 50 por cento na preparação de biscoitos. O conteúdo proteico dos biscoitos foi significativamente aumentado e as propriedades físicas tais como o diâmetro, o peso dos biscoitos foram reduzidos e a espessura e os factores de espalhamento foram aumentados com o aumento do nível de substituição de sésamo. Os resultados da avaliação sensorial mostraram que os biscoitos foram altamente avaliados quanto ao sabor e crocância (Alobo, 2001)

Biscoitos preparados usando trigo-sorghum, farinha de trigo-soja e farinha de trigo-sorghum-soja em diferentes níveis. A avaliação organoléptica mostrou que os biscoitos preparados a partir de trigo-sorgo e trigo-soja na proporção de 50:50 foram mais apreciados do que a farinha de trigo-sorgo-soja na proporção de 60:20:20 e 20:40:40, respetivamente (Sangawan e Dahiya, 2012)

A farinha de bagaço de gérmen de milho parcialmente desengordurado (farinha DMGC) incorporada na receita tradicional para substituir a farinha de trigo a níveis de 0, 10, 20, 30, 40 e 50 por cento na preparação de biscoitos. Os biscoitos preparados mostraram que a adição de 10% de farinha DMGC tinha maior aceitabilidade geral, sabor, textura e aroma. O valor nutricional do biscoito foi o seguinte humidade (2,62%), proteína (8,16%), gordura (17,74%), cinzas (1,09%), fibra bruta (1,76%) e hidratos de carbono (68,64%) com 10% de farinha DMGC foi comparável ao biscoito de controlo (farinha de trigo refinada). Os valores de cor L, *a* e *b* variaram significativamente com o nível de incorporação de farinha DMGC. As propriedades de textura, como a força de fratura (N), a dureza (N), a força de rutura (N), a energia de rutura (N-mm), a força de corte (N) e a energia de corte (N-mm) aumentaram com o nível de incorporação de farinha DMGC até 30%. A farinha de DMGC pode ser utilizada no fabrico de biscoitos nutritivos (proteína e fibra) (Barnwal *et al.*, 2013a).

Rai *et al.* (2011) investigaram as características de qualidade de bolachas sem glúten preparadas a partir de combinações de farinhas de arroz, milho, sorgo e milho-miúdo em comparação com bolachas de farinha de trigo convencional. A mistura de milho e painço-pérola apresentou melhores qualidades de pastelaria, seguida da mistura de painço-pérola e farinha de sorgo. As bolachas de controlo apresentaram um rendimento mais elevado (186,8%) e as bolachas preparadas a partir da combinação de arroz e milho apresentaram o rácio de espalhamento mais elevado, enquanto que o rácio de espalhamento mais baixo foi observado na combinação de arroz e sorgo. As bolachas com uma combinação de farinha de milho e sorgo tinham valores mais elevados de gordura, proteína, cinzas e calorias em comparação com as bolachas de controlo. As pontuações sensoriais máximas de aceitabilidade geral foram encontradas para as bolachas preparadas a partir da combinação de farinha de sorgo e milheto, seguidas de arroz e sorgo, milho e sorgo, arroz e milho, milho e milheto, arroz e milheto e bolachas de controlo. Todas as bolachas sem glúten tinham um valor nutricional mais elevado em comparação com as bolachas de controlo.

Nasir *et al.* (2010) prepararam os biscoitos a partir de gérmen de milho desengordurado (DMG) misturado com farinha de trigo. A farinha de DMG a 5, 10, 15, 20 ou 25% foi usada para substituir parcialmente a farinha de trigo na formulação de bolachas e análise sensorial pelo consumidor numa escala hedónica de 9 pontos. O resultado mostrou que a pontuação mais alta de aceitabilidade geral de 6,6 foi obtida com 5% de fortificação, que foi semelhante ao controlo (6,7). Todos os outros tratamentos, embora significativamente diferentes do controlo, tiveram uma pontuação de aceitabilidade global superior a 5. Estes resultados demonstram que as bolachas feitas com 15% de farinha DMG exibiram uma gama aceitável e uma melhoria significativa na proteína bruta, fibra bruta e conteúdo de cinzas.

Capítulo 9

Comportamento de armazenamento do milho e dos produtos de valor acrescentado à base de milho

Comportamento de armazenagem do milho e dos produtos de valor acrescentado à base de milho a. Milho em grão

As pragas de armazenamento causam danos substanciais aos grãos armazenados, tais como perdas de peso seco, deterioração das qualidades nutricionais, redução da viabilidade das sementes e baixo valor de mercado (Okunola *et al.*, 2007). As micotonxinas, como a aflatoxina, a zearalenona, os tricotecenos e as ocratoxinas, são metabolitos produzidos por fungos que podem crescer no grão de milho em condições favoráveis (Nuss e Tunumihardji, 2010). Rehman (2006) armazenou os grãos de trigo, milho e arroz a 10, 25 e 45°C de temperatura durante seis meses. Durante o armazenamento, observou-se um aumento significativo do pH, da acidez titulável e um declínio gradual da humidade, da lisina total disponível e do teor de tiamina. A digestibilidade da proteína e do amido dos cereais diminuiu durante seis meses de armazenamento a 25 °C e 45 °C. Não se registaram alterações significativas na qualidade nutricional durante a armazenagem quando os grãos de cereais são armazenados a 10°C.

Paul e Mishra (1994) observaram o efeito da infestação fúngica no amido, nos lípidos e no peso seco de três variedades de sementes de milho, utilizando seis fungos dominantes nas sementes de milho, nomeadamente *Alternaria alternate, Aspergillius flavus, Fusarium moniliforme, Penicillium expansum, Rhizopus nigricans* e *Trichoderme viride*. Os resultados mostraram que a redução do peso seco, o aumento da acidez da gordura e o esgotamento do amido. *O Aspergillius falvus* aumentou a acidez da gordura na variedade "local white" e "Vijay" (53,5 % e 69,2 %) e *o Penicillium expansum* na variedade "VL-16" (74,2 %) após 30 dias de incubação. Verificou-se que a depleção de amido era lenta durante a fase inicial de incubação, mas tornou-se pronunciada após 30 dias de incubação. A depleção de amido *por Aspergillius flavus* mostrou o máximo (48,5%) e o mínimo por *Alternaria alternate* (25,3%).

O efeito de pós de duas plantas tropicais, *Lantana camara* L. e *Tephrosia vogelii,* no nível de danos causados por insectos e nos parâmetros de qualidade do grão de milho armazenado foi avaliado por Ogendo *et al.* (2004) durante cinco meses. Foram utilizadas três taxas (1,0, 2,5 e 5,0% p/p) de cada pó de planta, um inseticida sintético, Actellic Super 2% pó (0,05% p/p). Os resultados não revelaram qualquer efeito sobre a percentagem de germinação dos grãos de milho quando comparados com a testemunha. Os tratamentos botânicos e os insecticidas sintéticos foram igualmente eficazes na redução dos danos causados pelos insectos em 25%, mas o nível de danos foi independente da concentração aplicada. A cor e o odor dos grãos não foram afectados e o teor de humidade dos grãos foi menor com as doses mais elevadas dos tratamentos em pó para cada espécie de planta. A utilização de insecticidas à base de plantas por pequenos agricultores constituiu uma alternativa rentável e sustentável aos insecticidas sintéticos no armazenamento de grãos de milho.

Mestres *et al.* (2003) examinaram a qualidade de grãos de milho degermados armazenados a 35°C com dois teores de humidade diferentes de 10 e 15 por cento. O baixo teor de humidade da farinha de milho degermada tinha uma acidez gorda inicial inferior a 20 mg KOH/100g. Aumentou lentamente para 40 - 60 mg KOH/ 100g após 4 meses de armazenamento e o resultado concluiu que o produto de milho degermado pode ser armazenado a 35°C durante até 6 meses sem desenvolver um sabor desagradável de ranço significativo.

Okunola *et al.* (2007) avaliaram as qualidades organolépticas de grãos de milho armazenados com óleos essenciais de três especiarias (*piper guineese*, botões de flores de *Eugenia aromática* e amêndoa de *Maonodora myristica*) à taxa de 0-20 ml/kg e cobertos com recipientes de plástico armazenados durante 6 meses. Os resultados organolépticos mostraram que os grãos armazenados com a dosagem mais baixa (5 ml/kg) de óleos essenciais foram significativamente preferidos, assim como os grãos tratados com óleo essencial de especiarias *Maonodora myristica* (noz-moscada) foram significativamente aceites e preferidos entre outros.

b. Farinha de milho

As farinhas de milho integral e degermada foram embaladas em folhas de alumínio laminado, polietileno de alta densidade e sacos de polietileno de baixa densidade e as suas qualidades bioquímicas foram determinadas em intervalos de dez dias durante 70 dias por Kadam *et al.* (2012). Verificou-se que a farinha de milho degermada é melhor em termos de humidade, proteína, gordura, acidez total, cinzas e propriedades texturais em comparação com a farinha de milho inteira. A humidade, a gordura e o ácido gordo livre aumentaram, enquanto os teores de proteína, ácido total e cinzas diminuíram com o aumento do armazenamento. A farinha de milho armazenada em folha de alumínio revelou-se a melhor, seguida de sacos de polietileno de alta densidade e de polietileno de baixa densidade.

Madaan e Gupta (1990) avaliaram o prazo de validade da farinha de milho armazenada à temperatura ambiente. Duas variedades de milho, vijay-normal e Shakti-opaque, foram moídas (60mesh) e armazenadas em recipientes herméticos durante um período de 180 dias. Durante a armazenagem, verificou-se um aumento dos valores de peróxido e de ácido, que variaram entre 6,1 e 7,3 e entre 0,1 e 55,9 por cento em vijay-normal e entre 7,2 e 8,2 e entre 0,5 e 55,1 por cento em shakti-opaque 2, respetivamente. A composição de ácidos gordos em ambas as variedades manteve-se quase constante durante o armazenamento.

A qualidade da farinha de milho proteica armazenada em dois tipos de materiais de embalagem (sacos de polietileno de baixa densidade e caixa de plástico) juntamente com tratamentos antioxidantes foi estudada por Shobha *et al.* (2011) A avaliação periódica da qualidade microbiana para bactérias, leveduras e bolores e o valor de peróxido indicou que a farinha embalada em sacos de polietileno continha 0,50±0,6 x10^5 cfu/g e 0,5±0,6x10^5 cfu/g, bem como nas amostras de caixa (0,25±0,0x10^5 cfu/g e 0,5±0,0x10^3 cfu/g de bactérias e fungos, respetivamente). Os antioxidantes, juntamente com as boas práticas de fabrico, podem prolongar o prazo de validade e a embalagem tem muito pouco efeito no crescimento dos microrganismos. Os organismos predominantes em ambas as embalagens e tratamentos no final do período de armazenamento de seis meses foram *Bacillus subtilis, Saccharomycess cerevisiae, proteus mirabilis e klebsiella aeruginos.*

A farinha de milho foi obtida por método convencional (moagem direta com moinho de discos) e farinha de milho degermada em dois tipos de moinho (moinho de discos e moinho de martelos) armazenada até seis meses. O milho degermado na moagem de martelo produz uma farinha de alta qualidade a partir de grãos duros. Durante o armazenamento ocorre a degradação dos lípidos, o que aumenta ligeiramente a acidez da gordura e leva a uma diminuição do sabor e da aceitabilidade da farinha de milho (Mestres *et al.*, 2009).

A farinha de milho e a farinha de trigo foram armazenadas à temperatura ambiente e a -20°C durante 12 meses. Os ácidos gordos não esterificados aumentaram rapidamente a uma taxa mais elevada à temperatura ambiente do que em condições de frio e em maior grau no milho do que na farinha de trigo. No que diz respeito à hidrólise dos ácidos gordos, os níveis de C14:0 e C16:1 não esterificados aumentaram rapidamente em ambas as farinhas, enquanto C18:0 e C18:1 aumentaram mais lentamente em ambas após doze meses de armazenamento à temperatura ambiente. No final do período de armazenamento, foram encontrados cerca de 191 mg e 100 mg por 100 g de ácido linoleico não esterificado na farinha de milho e na farinha de trigo, respetivamente (Sammon e Whittington, 2009).

Farinha de milho nixtamalizada enriquecida com L-lisina e L-triptofano de grau de consumo humano em diferentes quantidades: tratamento I (1,3g/kg, 0,1g/kg), tratamento II (2,1g/kg, 0,25g/kg) e tratamento III (4,4g/kg, 0,68g/kg) respetivamente. Estas suplementações correspondem a 83, 100 e 150 por cento da recomendação da FAO e todas as farinhas foram armazenadas durante dois meses à temperatura ambiente. Os resultados organolépticos das papas mostraram que não houve diferença significativa durante o armazenamento (Waliszewski *et al.,* 2004).

Ocheme (2007) estudou o efeito do armazenamento de farinha de painço pérola na qualidade e aceitabilidade de papas. Farinha de painço não tratada, farinha de painço maltada embebida e uma mistura igual de farinha de painço maltada e não tratada foram embaladas em sacos de polietileno de alta densidade mantidos à temperatura ambiente com a humidade relativa de 65-70 % RH durante 3 meses. Os teores de humidade da farinha não sofreram alterações significativas, enquanto o valor do ácido tiobabitúrico aumentou significativamente após 2 meses de armazenamento. A concentração mínima de gelificação das amostras manteve-se constante durante o período de armazenamento, enquanto o pH diminuiu significativamente em todos os tipos de farinha.

c. **Alimentos tradicionais**

Kunu, uma das bebidas nigerianas fabricadas localmente a partir de milho, painço e milho da Guiné, preparada e armazenada a uma temperatura selecionada por Adebayo *et al.* (2010). Todas as amostras permanecem aceitáveis apenas nas primeiras 48 horas de armazenamento a todas as temperaturas e também podem ser armazenadas no frigorífico durante cinco dias sem se estragarem. A cor e o sabor tornaram-se pouco atractivos após 48 horas de armazenamento à temperatura ambiente.

O ogi foi produzido através da fermentação de grãos de milho com água previamente destilada durante 72 horas, no ogi designado como pasta de ogi fermentada inoculada e armazenada durante 60 dias. Não se observaram alterações no pH, na acidez titulável, na cor e no sabor durante o período de investigação de 60 dias. Enquanto a atividade enzimática da proteinase, amilase e lipase foi mais elevada na pasta de ogi fermentada inoculada em comparação com a pasta de ogi não inoculada (Ohenhen e Ikenebomeh, 2007)

d. Alimentos de conveniência

As misturas de conveniência à base de sorgo e de milho foram armazenadas em sacos de polietileno de alta densidade e de polipropileno metalizado durante 90 dias. A população microbiana da mistura polivalente era inicialmente mínima (2,0X 10^{-4}) e estava dentro do limite de segurança (7,0x10^{-4}) durante o armazenamento. O prazo de validade das misturas foi considerado bom até 90 dias em condições ambientais em ambas as embalagens. As misturas utilizadas para a preparação de laddu, uthiripittu, kuzhapittu e roti. (Karuppasamy *et al.,* 2011)

Butt *et al.* (2004) estudaram o efeito dos antioxidantes e dos materiais de embalagem na estabilidade de armazenamento dos cereais de pequeno-almoço. Os cereais transformados, como o trigo, o arroz, o milho e a cevada, com amêndoas e nozes tratadas com 0,02% de antioxidantes, foram armazenados durante 6 meses em embalagens de polipropileno, polietileno de alta densidade e folha de alumínio. Durante o armazenamento, a humidade, a acidez e o índice de peróxidos do produto aumentaram com o passar do tempo. A absorção de humidade foi menor na folha de alumínio devido às suas propriedades de barreira à humidade. Entre os produtos, as nozes tratadas com 0,02% de antioxidante embaladas em folha de alumínio tiveram o melhor desempenho em termos de sabor, aroma e aceitabilidade geral.

Snacks extrudidos tufados formulados com cereais (grits de milho), leguminosas (dhal de grama preta) e raízes e tubérculos (batata, inhame, batata-doce, colocasia e raiz de beterraba) na proporção de 60:20:20 e armazenados em embalagens de tereftalato de polietileno metalizado durante um período de 2 meses. Durante o armazenamento, observou-se um elevado teor de humidade nos extrudados de controlo e nos extrudados incorporados com farinha de batata e observou-se uma deterioração da textura e da sensação na boca nos extrudados incorporados com raiz de beterraba e batata-doce (Reddy, 2011).

Os extrudados foram preparados com ingredientes crus e pré-torrados, tais como milho (75%), amendoim (10%) e soja (15%) e armazenados à temperatura ambiente. A estabilidade de armazenamento dos produtos extrudidos revelou-se aceitável durante um período de 10,4 meses para os extrudidos à base de ingredientes crus e 7,1 meses para os extrudidos à base de ingredientes pré-torrados (Plahar *et al.,* 2003)

e. Alimentos de padaria

Os bolos com incorporação de farinha de milho (10, 20 e 30 %) foram embalados em papel manteiga, papel celofane e papel polietileno e mantidos à temperatura ambiente. O bolo preparado com 20 % de farinha de milho incorporada, embalado em papel celofane, foi altamente aceitável em todas as características organolépticas e manteve-se durante um período de sete dias. A carga bacteriana foi menor nos bolos embalados em papel celofane quando comparados com papel manteiga e papel polietileno Ilamaran *et al.* (2002)

Bolachas preparadas a partir de farinha de trigo, farinha de milho de qualidade proteica com suplementação de bolo de gérmen de milho desengordurado processado comestível. Durante o armazenamento, verificou-se um aumento dos valores de acidez e do teor de humidade em todos os biscoitos. No entanto, a qualidade de conservação foi boa em condições ambientais durante 60 dias do período de armazenamento (Gupta e Singh, 2005)

Thilagavathi e Amutha (2006) registaram a população microbiana no pão, nas bolachas e na tosta. No pão, a concentração de fungos (40 x10^{-6} cfu/g), nas bolachas, de levedura (35 x 10^{-6} cfu/g) e na tosta, de levedura (40 x 10^{-6} cfu/g) foi superior e o prazo de validade do pão incorporado de milho foi considerado bom até 3 dias em condições ambientais, enquanto as bolachas e a tosta foram consideradas boas até 100 dias em condições ambientais.

f. Contaminação por aflatoxinas no milho

Aspergillus flavus, Aspergillus parasiticus e *Aspergillus nomius* produzem aflatoxinas como metabolitos secundários no milho. As aflatoxinas podem causar cancro do fígado, supressão do sistema imunitário e atraso no crescimento e desenvolvimento, contribuindo para a subnutrição. As crianças são as mais sensíveis aos efeitos dos alimentos contaminados com aflatoxinas. Os níveis de micotoxinas em produtos contaminados antes do consumo podem ser reduzidos por métodos de processamento de alimentos, tais como moagem húmida e seca, limpeza de grãos, autoclavagem, torrefação, cozedura, fritura, cozedura alcalina (nixtamalização), cozedura por extrusão, etc. (Hell *et al.,* 2008).

As fumonisinas são micotoxinas produzidas principalmente por *Fusarium verticillioides* e *F.ptoliferatum*, que ocorrem em grande parte em produtos alimentares à base de milho a um nível que pode afetar a saúde humana e animal (Girolamo *et al.*, 2001). As directrizes da FAO sugerem que os limites de aflatoxinas não devem exceder um máximo de 20 partes por bilião (ppb) no grão de milho (Narang, 2012).

Amankwah *et al.* (2009) mediram os níveis de contaminação por aflatoxinas em amostras recolhidas em armazéns de milho seleccionados no início e no fim do período de armazenagem. Foi encontrado um nível médio de contaminação de 61,6ppb nas 25 amostras recolhidas, com 72% das amostras com níveis de contaminação no intervalo 20-100ppb. O nível médio de contaminação por aflatoxinas no início das amostras armazenadas foi de 26,7ppb, após um período de 5 meses aumentou para 56,7ppb nas amostras armazenadas.

Capítulo 10

PRODUTOS DE VALOR ACRESCENTADO À BASE DE MILHO

PRODUTOS DE VALOR ACRESCENTADO À BASE DE MILHO

1. RAVA KESARI DE MILHO

Ingredientes

Ravá de milho		50 gramas
Açúcar		50 gramas
Cardamomo	:	3 nos
Castanha de caju	:	5 gramas
Ghee	:	15 ml
Passas de uva	:	5 gramas
Água	:	250 ml

Método de preparação:

> O milho foi moído em rava (grãos) e torrado com ghee até ficar com uma cor castanha clara.

> As castanhas de caju e as passas foram fritas com ghee numa frigideira separadamente.

> Adicionou-se lentamente rava de milho em água a ferver e cozinhou-se durante 15-20 minutos.

> As castanhas de caju fritas, as passas, o cardamomo em pó e o ghee foram adicionados e submetidos a uma avaliação organoléptica.

2. MILHO UPMA

Ingredientes

Ravá de milho	100 gramas
Dhal de grama preta	2 gramas
Cebola	2 nos
Malaguetas verdes	3 n.ºs
Sal	5 gramas
Cebola	15 gramas
Malaguetas vermelhas	5 n.ºs
Folhas de caril	2 gramas

:

Folhas de coentros	2gramas
Sementes de mostarda	: 2 gramas
Óleo alimentar	15 ml
Água	450 ml

Modo de preparação:

- O rava de milho foi torrado até ficar com uma cor castanha dourada.
- Fritar todos os outros ingredientes com óleo.
- Depois juntou-se sal e água e deixou-se ferver.
- Adiciona-se lentamente a Rava e cozinha-se durante 15-20 minutos.
- O upma preparado foi submetido a uma avaliação organoléptica.

3. Milho puliyotharai

Ingredientes

Ravá de milho (grits)	100 gramas
Tamarindo	15 gramas
Pimentos	6
Asafetida	3 gramas
Grama vermelha	3 gramas
Feno-grego	3 gramas
Sementes de mostarda	2 gramas
Grama preta	2 gramas
Sal	5 gramas
Óleo	20 ml
Folhas de caril	3 gramas
Água	550 ml

Método de preparação

- A rava de milho foi cozinhada na panela de pressão durante 5-10 minutos.
- Todos os outros ingredientes foram fritos com óleo e extrato de tamarindo, adicionou-se sal e ferveu-se até o conteúdo reduzir para metade.
- Mistura-se a rava de milho cozida com o molho de tamarindo.

4. VADA DE MILHO

Ingredientes

Milho	75gramas
Dhal de grama de Bengala	25gramas
Folhas de coentros	2 gramas
Sal	3 gramas
Folhas de caril	2 gramas
Malaguetas verdes	3 n.ºs
Asafoetida	2 gramas
Óleo	para fritar

Modo de preparação:

- ❖ O milho foi moído em grãos, embebido em água com dhal de grama de bengala durante 1 hora e moído grosseiramente até obter uma massa espessa.
- ❖ Todos os outros ingredientes foram misturados na massa.
- ❖ A massa é feita em pequenas bolas e pressionada entre as palmas das mãos para ficar com uma forma redonda.
- ❖ Fritar a massa em óleo quente até ficar com uma cor castanha dourada.
- ❖ Servido como um lanche.

5. MILHO IDLI

Ingredientes

Arroz estufado	: 25gramas
Grãos de milho	: 50 gramas
Grama preta	: 25 gramas
Feno-grego	: 4 gramas
Sal	: 2,5 gramas

Modo de preparação:

- ❖ Os grãos de arroz, de grama preta e de milho foram demolhados separadamente durante 4 horas e moídos grosseiramente.

- O sal foi misturado na massa uniformemente e deixado a fermentar durante a noite.
- A massa foi deitada nos moldes de idli, cozida a vapor durante 6-8 minutos e servida quente com chutney.

6. MILHO ADAI

Ingredientes:

Grãos de milho	30 gramas
Grama verde	10 gramas
Grama preta	10 gramas
Arroz cru	20gramas
Grama de cavalo	10 gramas
Grama vermelha	10 gramas
Sal	3 gramas
Óleo alimentar	15 ml
Cebola	15 gramas
Malaguetas vermelhas	5 n.ºs
Folhas de caril	2 gramas
Folhas de coentros	2gramas
Asafoetida	2 gramas

Modo de preparação:

- Os grãos de milho, o arroz e todas as leguminosas foram demolhados separadamente durante 4 horas.
- Moer os ingredientes grosseiramente até obter uma massa espessa, adicionar malaguetas vermelhas e sal e deixar fermentar (2 horas).
- Adiciona-se a cebola picada, as folhas de caril e de coentros e a assa-fétida e mistura-se bem.
- A massa é deitada numa tawa dosa quente e tostada de ambos os lados até ficar completamente cozinhada e submetida a uma avaliação organoléptica.

7. KHEER DE RAVA DE MILHO

Ingredientes

Ravá de milho	:	100 gramas
Leite	:	250 ml
Açúcar	:	100 gramas
Cardamomo	:	2 nos
Castanha de caju		3 gramas
Ghee	:	10 ml
Passas de uva	:	3 gramas
Água	:	250 ml

Modo de preparação:

❖ A rava de milho, as castanhas de caju e as passas foram assadas com ghee numa frigideira separadamente.

❖ Ferve-se água, junta-se-lhe rava de milho e cozinha-se durante 10-15 minutos.

❖ O açúcar e o leite foram misturados lentamente e cozinhados continuamente durante 10 minutos.

❖ Foram adicionados cardamomo em pó, castanhas de caju e passas e submetidos a uma avaliação organoléptica.

Ingredientes

Farinha de milho	60 gramas
Farinha de grama de bengala torrada	40 gramas
Ghee	25 gramas
Cardamomo	2 nos
Castanhas de caju	4 n.ºs

Modo de preparação:

- A farinha de milho e a farinha de grama de bengala torrada foram peneiradas
- A farinha foi torrada em lume brando até sair um bom aroma.
- Aqueceu-se o ghee e juntou-se a farinha, o açúcar em pó, o cardamomo e

  misturou-se bem até obter uma massa lisaFizeram-se pequenas bolas e decorou-se com castanhas de caju

BIBLIOGRAFIA

BIBLIOGRAFIA

Abubakar, H. 2001. Abordagens para melhorar o valor nutritivo do milho, com especial ênfase no QPM. In Proceedings of the National Quality Protein Maize Production Workshop 4-5th September 2001. Universidade Ahmadu Bello. Zaria. P. 114- 119.

Adebayo, G. B., Otunola, G. A. e Ajao, T. A. 2010. Características físico-químicas, microbiológicas e sensoriais do kunu preparado a partir de milho painço, milho e milho da Guiné e armazenado a temperaturas seleccionadas. **Jornal Avançado de Ciência e Tecnologia Alimentar**. **2(1):** 41-46.

Adebowale, A. A., Sanni, S. A., Karim, O. R. e Ojoawo, J. A. 2010. Características de maltagem do arroz ofada: qualidades químicas e sensoriais do malte dos grãos de arroz ofada. **Jornal Internacional de Investigação Alimentar. 17:** 83-88.

Alamerew, S. 2008. Teor de proteínas, triptofano e lisina em milho de qualidade proteica, Norte da Índia. **Jornal Etíope de Ciências da Saúde. 18(2):** 9-15.

Alka, S., Neelam, Y. e Shruti, S. 2012. Efeito da fermentação nas propriedades físico-químicas e na digestibilidade *in vitro* do amido e da proteína de cereais seleccionados. **Jornal Internacional de Ciências Agrárias e Alimentares. 2(3):** 66-70.

Alobo, A. P. 2001. Efeito da farinha de sementes de sésamo nas características de biscoitos de painço. **Alimentos vegetais para a nutrição humana. 56:**195-202.

Amankwah, E. A., Barimah, J., Acheampong, R., Addai, L. O. e Nnaji, C. O. 2009. Effect of fermentation and malting on the viscosity of maize-soyabean weaning blends. **Jornal de Nutrição do Paquistão. 8(10):**1671 -1675.

Anandkumar, S., Arumuganathan, T. e Indurani, C. 2010. Processamento e adição de valor do milho. **Beverage and Food World.24 (9):** 32- 34.

Anon, 2002. Um guia para selar a moagem e refinação de milho húmido. P.6-9.

Azeke, M. A., Egielewa, S. J., Egibogbo, M. U. e Ihimire, I. G. 2011. Efeito da germinação na atividade da fitase, fitato e fósforo total do arroz (*Oryza sativa*), milho (*Zea mays*), painço (*Panicum miliaceum*), sorgo (*Sorghum bicolor*) e trigo (*Triticum aestivum*). **Journal of Food Science and Technology**. **48(6):** 724-729.

Aziah, N. A. A., Noor, M. A. Y. e Ho, L. H. 2012. Propriedades físico-químicas e organolépticas de biscoitos incorporados com farinha de leguminosas. **Jornal Internacional de Investigação Alimentar**. **19(4):** 1539-1543.

Bacchetti, T., Masciangelo, S., Micheletti, A. e Ferretti, G. 2013. Carotenóides, compostos fenólicos e capacidade antioxidante de cinco **grãos** de milho italiano local (*Zea Mays* L.) **Journal of nutrition and Food Science. 3:** 237

Balasubramanian, S., Borah, A. e Anand, T. 2012. Alteração das características de colagem de leguminosas descascadas seleccionadas incorporadas em extrudados de arroz e milho. **Beverage and Food World**. **39(4):** 44-46.

Barnwal, P., Kore, P. e Sharma, A. 2013a. Effect of partially de-oiled maize germ cake flour on physico-chemical and organoleptic properties of biscuits (Efeito da farinha de bagaço de gérmen de milho parcialmente desengordurada nas propriedades físico-químicas e organolépticas dos biscoitos). **Journal of Food Processing and Technology**. **4(4):** 1-4.

Bhavya, S. N. e Prakash, J. 2012. Composição nutricional e qualidade de cereais integrais prontos a comer para o pequeno-almoço. **Jornal Indiano de Nutrição e Dietética**. **49:** 417-425.

Bolanle, O. O., Babatunde, K. S., Oluwasina, O. S., Olubamke, A. A., Uzoamaka, B. O. e Nwakaegho, E. G. 2012. Desenvolvimento e produção de bebidas com elevado teor proteico e densidade energética a partir de misturas de milho (*Zea mays*), sorgo (*Sorghum bicolor*) e soja (*Glycine max*) para crianças em idade escolar: efeito do período de maltagem de parâmetros proximais seleccionados e qualidades sensoriais das bebidas desenvolvidas. **Revista Internacional de Ciência e Tecnologia Aplicadas. 2(7):** 285-292.

Boniface, O. O. e Gladys, M. E. 2011. Efeito da imersão alcalina e da cozedura nas propriedades proximais, funcionais e algumas propriedades anti-nutricionais da farinha de sorgo. **Jornal Africano de Tecnologia**. **14(30):** 210- 216.

Boonyasirikool, P. e Charunch, C. 2000. Desenvolvimento de um snack alimentar à base de grãos de milho e arroz quebrado por cozedura por extrusão. **Kasetsart Journal of Natural** Science. **34:** 279- 288.

Bressani, R., Benavides, V., Acevedo, E. e Ortiz, M. A. 1990. Alterações nos teores de nutrientes seleccionados e na qualidade proteica do milho comum e do milho de qualidade proteica durante a preparação de tortilhas rurais. **Cereal Chemistry**. **67(6):** 515- 518.

Butt, M. S., Ali, A., pasha, I., Hashmi, A. M. e Dogar, S. 2004. Effect of different antioxidants and packaging materials on the storage stability of breakfast cereals. **Jornal Internacional de Segurança Alimentar**. **2:** 1-5.

Carvalho, C. W. P. e Mitchell, J. R. 2006. Efeito do açúcar na extrusão de grits de milho com farinha de trigo. **International Journal of Food Science and Technology**. **35:** 569-579.

Carvalho, C. W., Ascheri, J. L. R., Ascheri, D. P. e Miguez, M. 2008. Snacks expandidos com elevado teor de fibra extrudidos a partir de casca de soja e grão fino de milho. **International Journal of Food Science and Technology**. **35:** 132-145.

Chikwendu, N. J. 2007. Composição química de 'akara' (pasta de feijão frade) desenvolvida a partir de misturas fermentadas e germinadas de feijão frade (*Kerstingiella georcarpa*) e milho (*Zea mays*). **Jornal de Agricultura, Alimentação, Ambiente e Extensão**. **6(1):** 1-7.

Chung, H., Shin, D. e Lim, S. 2008. Digestibilidade *in vitro* do amido e índice glicémico estimado de amidos de milho quimicamente modificados. **Food Research International**. **41:** 579-585.

Cisse, M., Zoue, L.T., Soro, Y., Megnanou, R. e Niamke, S. 2013. Propriedades físico-químicas e funcionais de amidos de dois milhos de proteína de qualidade (QPM). **Journal of Aplied Biosciences. 66:** 5130-5139.

Commodity insights yearbook. 2011. Ministério da Agricultura. Governo da Índia. P.242.

Cordova, H. 2000. Quality Protein Maize: improved nutrition and livelihoods for the poor. **Maize Research Highlights**. 29-31.

Cortes, G. A., Salinas, M. Y., Martinez E. e Martinez-Bustos F. 2006. Estabilidade das antocianinas do milho azul após a nixtamalização de fracções separadas de pericarpo, gérmen, tampa da ponta e endosperma. **Journal of Cereal Science. 43:** 57-62.

Cuevas-Martinez, D., Moreno-Ramos, C., Martinez-Manrique, E., Moreno-Martinez, E. e Mendez-Albores, E. 2010. Avaliação nutricional e de textura de tortilhas nixtamalizadas de feijão branco de milho. **Journal of Food science. 35(11):** 828-

832.

Damodaran, H. 2011. Jornal Business Line News. Dt.30.05.2011.

Dass, S., Jat, M. L., Yadav, V. K., Sekhar, J. C., Singh D. K. 2009. Boletim Técnico. Quality Protein Maize for Food and Nutritional Security in India [Milho com proteínas de qualidade para a segurança alimentar e nutricional na Índia]. Direção de Investigação do Milho, Nova Deli.

Direção de Economia e Estatística, Ministério da Agricultura. 2009. Governo da Índia.

Direção de investigação do milho. 2009. Nova Deli - 110 012. www.dmr.res.in.

Relatório do Inquérito Económico. Apêndice estatístico 2011-2012. Governo da Índia. P. 2428.

Fasasi, O.S., Adeyeni, I. A. e Fagbenro, O. A. 2005. Propriedades físico-químicas de misturas de farinha de milho-tilápia. **Jornal de Tecnologia Alimentar. 3(3):** 342-345.

Fathima, N., Menon, L. e Ravi, U. 2013. Desenvolvimento e avaliação da qualidade de um cereal de pequeno-almoço com baixo teor de glúten e elevado teor de fibra utilizando farinha de trigo sarraceno. Nos anais de 3rd INCOFTECH-2013. Conferência Internacional sobre Tecnologia Alimentar. Instituto Indiano de Tecnologia de Processamento de Culturas. 4-5th janeiro de 2013. Thanjavur. Tamil Nadu. Índia. P.22.

Fernandez- Munoz, J. L., Acosta- Osorio, A.A., Zelaya- Ange, O. e Rodriguez- Garcia, M. E. 2011. Efeito do teor de cálcio na farinha de milho nos perfis RVA. **Journal of Food Engineering**. **102:** 100- 103.

Fubara, E. P., Ekpo, B. O. e Ekpete, Z. A. 2011. Avaliação dos efeitos do processamento nos teores minerais do milho (*Zea mays*) e do amendoim *(Arachis hypogaea*). **Libyan Agriculture Research Center Journal International. 2(3):** 133-137.

Gernath, D. I., Ariahu, C. C. e Ingbian, E. K. 2011. Efeitos da maltagem e da fermentação láctica em algumas propriedades químicas e funcionais do milho (*Zea mays*). **Jornal Americano de Tecnologia Alimentar. 6(5):** 404 -412.

Ghatge, P. U., Machewad, G. M., Rodge, A. B. e Ladda, G. D. 2012. Estudos sobre a produção e comercialização de pão de cereja. **Beverage and Food World**. **39(9):** 37-39.

Gibbon, B. C., Wang, X. e Larkins, B. A. 2003. O amido alterado está associado à modificação do endosperma no milho de proteína de qualidade. **Agricultural Sciences. 100(26):**15329-15334.

Girolamo, A. D., Solfrizzo, M., Holst, C. V. e Visconti, A. 2001. Comparação de diferentes produtores de extração e limpeza para a determinação de fumonisinas em milho e produtos alimentares à base de milho. **Food Additives and Contaminants. 18(1):** 59-67.

Giwa, E. O. e Victor, I. A. 2010. Características de qualidade de bolachas produzidas a partir de farinhas compostas de trigo e de milho com proteínas de qualidade. **Jornal Africano de Ciência e Tecnologia Alimentar. 1(5):** 166- 119.

Grajales- Garcia, E. M., Osorio- Diaz, P., Goni, I., Hervert- Hernandez, D., Guzman-Maldonado, S. H. e Bello- Perez, L. A. 2012. Composição química, digestabilidade do amido e capacidade antioxidante da tortilha feita com uma mistura de proteína de qualidade de milho e feijão preto. **Revista Internacional de Ciências Moleculares. 13:** 286-301.

Grossmann, M. V. E., Mandarino, J. M. G. e Yabu, M. C. 1998. Composição química e propriedades funcionais de farinhas de milho maltadas. **Revista Brasileira de Ciência e Tecnologia de Alimentos. 3(1):**11-17.

Gunaratna, N.S., De-Groote, H., Nestel, P., Pixley, K.V. e McCabe, C.P. 2008. A metaanalysis of community-based studies on quality protein maize (Uma meta-análise de estudos comunitários sobre a qualidade da proteína do milho). **Food Policy. 35:**202-10.

Gupta, H. O. 2001. Suplementação de bagaço de gérmen de milho processado na qualidade nutricional do milho. **Journal of Food Science and Technology. 38(5):**507-508.

Gupta, H. O. e Singh, N. N. 2005. Preparação de bolachas à base de trigo e de milho de qualidade proteica e sua armazenagem, qualidade proteica e avaliação sensorial. **Journal of Food Science Technology. 42(1):** 43- 46.

Gupta, H. S., Agrawal, P. K., Mahajan, V., Bisht, G. S., Kumar, A., Verma, P., Srivastav, A., Saha, S., Babu, R., Pant, M. C. e Mani, V. P. 2009. Quality protein maize for nutritional security: rapid development of short duration hybrids through molecular marker assisted breeding. **Current Science. 96(2):** 230- 236.

Guria, P. 2006. Tese de mestrado sobre "Propriedades físico-químicas, qualidade nutricional e valor acrescentado ao milho de qualidade proteica (*Zea mays* L.)" apresentada ao Departamento de Ciência Alimentar e Nutrição, Universidade Rural Agrícola de Dharwad, Dharwad.

Hameed, R. S. e Saraswathi, R. 2013. Extrusão - Uma tecnologia emergente para novas aplicações alimentares. Nos Anais de 3rd INCOFTECH-2013. Instituto Indiano de Processamento e Tecnologia de Corpos. P.380.

Haros, M., Perez, O. E. e Rosell, C. M. 2004. Efeito da maceração do milho com ácido lático nas propriedades do amido. **Cereal Chemistry**. **81(1):** 10-14.

Hassan, A. B., Osman, G. A. M., Rushdi, M. A. H., Eltayeb, M. M. e Diab, E. E. 2009. Effect of gamma irradiation on the nutritional quality of maize cultivars (*Zea mays*) and sorghum (*Sorghum bicolour*). **Jornal de Nutrição do Paquistão**. **8(2):**167-171.

Hell, K., Fandohan, P., Bandyopadhyay, R., Kiewnick, S., Sikora, R. e Cotty, P. J. 2008. Gestão pré e pós-colheita da aflatoxina no milho: uma perspetiva africana. **Controlo Alimentar**. **14:** 233-237.

Ho, A., Jideani, I. A. e Humphrey, J. U. 2009. Qualidade do dambu preparado com diferentes cereais e amendoim. **Jornal de Ciência e Tecnologia Alimentar**. **46(2):** 166-168.

Hoekstra, K. E., Newman, K., Kennedy, M. A. P. e Pagan, J. D. 2002. Effect of corn processing on glycemic response in horses (Efeito do processamento do milho na resposta glicémica dos cavalos). **Journal of Animal Science**. **63(5):** 105-110.

Hussein, A. M. S., Amal, S. A., Hegazy, A. M., Afifi, A. A. e Ragab, G. H. 2011. Propriedades físico-químicas, sensoriais e nutricionais de biscoitos compostos de farinha de milho e feno-grego. **Jornal Australiano de Ciências Básicas e Aplicadas. 5(4):** 84-95.

Ilamaran, M., Parimalam, P. e Premalatha, M. R. 2002. Qualidade sensorial e microbiana do bolo incorporado de farinha de milho durante o armazenamento. **Beverage and Food World**. **29(6):**19-20.

Isaac, A. T. e Koleosho, A. T. 2012. Efeitos do método de processamento na composição de nutrientes do alimento complementar de milho/soja. **Jornal de Farmácia e Ciências Biológicas. 4(1):** 39-43.

Jat, M. L., Dass, S., Yadav, V. K., Sekhar, J. C. e Singh, D. K. 2009. Quality protein maize for food and nutritional security in India [Milho com proteínas de qualidade para a segurança alimentar e nutricional na Índia]. Boletim Técnico DMR 2009/4. Direção de Investigação do Milho. Pusa. Nova Deli. P. 23.

Jideani, I. A. e Jideani, V. A. 2011. Desenvolvimento dos grãos de cereais *Digitaria exilis* (acha) e *Digitaria iburua* (iburu). **Jornal de Ciência e Tecnologia Alimentar**. **48(3):** 251- 259.

Jisha, S., Sheriff, J. T. e Padmaja, G. 2010. Propriedades nutricionais, funcionais e físicas de extrudados de misturas de farinha de mandioca com farinhas de cereais e leguminosas. **International Journal of Food Properties. 13(5):**1002-1011.

Kadam, D. M., Barnwal, P., Chadha, S. e Singh, K. K. 2012. Propriedades bioquímicas de farinhas de milho inteiras e degermadas durante o armazenamento. **American Journal of Biochemistry**. **2(4):** 41-46.

Kamaliya, K. B. e Rema, S. 2011. Desenvolvimento de produtos de panificação saudáveis - biscoitos enriquecidos com fibras. **Mundo das bebidas e dos alimentos. 38(9):** 62-64.

Kannan, R. e Anitha, C. 2013. Pó de dhal de valor acrescentado. Em Actas de 3rd INCOFTECH-2013. Instituto Indiano de Tecnologia de Processamento de Culturas. 4-5th janeiro de 2013.Thanjayur. Tamil Nadu. Índia. P.188.

Karthikeyan, R. e Balasubramanian, T. N. 2006. Análise económica da produção de milho (*Zea mays* L.) em várias épocas de sementeira na zona ocidental de Tamil Nadu, Índia. **Indian Journal of Agricultural Research**. **40(2):** 98-103.

Karupasamy, P., Kanchana, S., Hemalatha G. e Muthukrishnan, N. 2012. Desenvolvimento e avaliação da mistura de boli à base de kodo millet e little millet. **Jornal Indiano de Nutrição e Dietética**. **49:** 150-157.

Kaur, J., Nagi, H. P. S., Sharma, S. e Dar, B. N. 2012a. Qualidade físico-química e sensorial de biscoitos enriquecidos com farelo de cereais. **Journal of Dairying, Foods and Home Science. 31(3):** 176-183.

Kaur, G., Sharma, S., Nagi, H. P. S. e Dar, B. N. 2012b. Propriedades funcionais de massas enriquecidas com farelos de cereais variáveis. **Journal of Food Science and Technology**. **49(4):** 467-474.

Kendall, C. W. C., Hoffman, A. J., Evans, A., Sanders, L. M., Josse, A. R., Vidgen, E. e Potter, S. M. 2008. Effect of novel maize based dietary fibers on postprandial glycaemia and insulinemia. **Journal of the American College of Nutrition**. **27(6):** 711-718.

Kouakou, B., Tagro, G., Albarin, G. G., Ba, K. M., Adjehi, D., Theodore, D. e Yanick, A. C. 2013. Efeito da embebição das sementes na acidificação da farinha resultante (*Zea mays*) por fermentação selvagem e determinação das capacidades de acidificação das bactérias lácticas isoladas. **Revista Internacional de Biotecnologia e Ciência dos Alimentos**. **1(2):** 29-38.

Kulshrestha, K., Mishra, D. P. e Cheuhan, G. S. 1992. Características físicas e químicas da farinha de milho produzida após cozedura de grãos com cal. 1992. **Journal of Food Science and Technology. 29(5):** 284-286.

Lee, E. Y., Lim, K. I., Lim, J. e Lim, S. 2000. Effects of gelatinization and moisture content of extruded starch pellets on morphology and physical properties of microwave-expanded products. **Cereal Chemistry**. **77(6):** 769-773.

Lee, S. Y., Kim, W. Y., Ko, J. Y. e Ha, J. K. 2002. Effects of corn processing on in *vitro* and *in situ* digestion of corn grain in Holstein steers. **Asian- Australian Journal of Animal Science. 15(6):** 851-858.

Lim, J. Y. e Rosli, W. 2013. A capacidade das espigas de Zea mays (milho jovem) em pó para melhorar a composição nutricional e alterar as propriedades texturais e a aceitabilidade sensorial do pão de fermento. **Jornal Internacional de Investigação Alimentar**. **20(2):** 799-804.

Lopez, A. C. B., Pereira, A. J. G. e Junqueira, R. G. 2004. Mistura de farinhas de arroz, milho e fécula de mandioca na produção de pão branco sem glúten. **Revista Internacional dos Arquivos Brasileiros de Biologia e Tecnologia**. **47(1):** 63-70.

Madaan, T. R. e Gupta, H. O. 1990. Prazo de validade da farinha de milho (*Zea mays* L). **Journal of Food Science and Technology. 27(5):** 299-301.

Malomo, S. A., Eleyinmi, A. F. e Fashakin, J. B. 2011. Composição química, propriedades reológicas e potencial de fabrico de pão de farinhas compostas de fruta-pão, noz-pão e trigo. **Jornal Africano de Ciência Alimentar**. 5**(7):** 400-410.

Mamiro, P. S., Kolsteren, P., Roberfroid, D., Tatala, S., Opsomer, A. S. e Camp, J. H. V. 2005. Práticas de alimentação e factores que contribuem para o definhamento, o atraso de crescimento e a anemia por deficiência de ferro em crianças dos 3 aos 23 meses de idade, distrito de Kilosa, Tanzânia rural. **Journal of Health Population Nutrition. 23(3):** 222230.

Mbah, B. O. 2009. Produção e avaliação organoléptica de alimentos complementares a partir de farinhas compostas fermentadas de leguminosas, cereais, raízes e tubérculos. **Journal of Health and Environment Research**. **11:** 95-102.

Mbata, T. I., Ikeneboeh, M. J. e Alaneme, J. C. 2009. Estudos sobre a composição microbiológica e nutricional e o conteúdo antinutricional da farinha de milho fermentada fortificada com amendoim bambara (*Vigna subterranean* L). **Jornal Africano de Ciência Alimentar**. **3(6):** 165-171.

Mboya, R., Tongoona, P., Derera, J., Mudhara, M. e Langyintuo, A. 2011. A importância dietética do milho em Katumba ward, distrito de Rungwe, Tanzânia e a sua contribuição para a segurança alimentar das famílias. **Jornal Africano de Investigação Agrícola. 6(11):** 2617- 2626.

Mckevith, B. 2004. Nutritional aspects of cereals (Aspectos nutricionais dos cereais). **Boletim de Nutrição da Fundação Britânica de Nutrição. 29:**111-142

Mestres, C., Matencio, F. e Drame, D. 2003. Produção em pequena escala e qualidade de armazenamento de produtos de milho seco moído e degermado para países tropicais. **Jornal Internacional de Ciência e Tecnologia Alimentar. 38:** 201-207.

Mestres, C., Davo, K. e Hounhouigan, J. 2009. Produção em pequena escala e qualidade de armazenamento de produtos de milho seco moído e degermado para países tropicais. **Revista Africana de Biotecnologia**. **8(2):** 294-302.

Milan-Carrillo, J.A., Gutierrez-Dorado, R., Cuevas-Rodriguez, O.G., Garzon-Tiznado, J.A. e Reyes-Moreno, C. 2004. Farinha Nixtamalizada de Milho Proteico de Qualidade (*Zea mays* L). otimização do processamento alcalino. **Alimentos vegetais para a**

nutrição humana. 59: 35-44.

Milan- Carrillo, J., Valdez-Alarcon, C., Gutierrez-Dorado, R., Cardenas-Valenzuela, O. G., Mora-Escobedo, R., Garzon-Tiznado, J. A. e Reyes-Moreno, C. 2007. Propriedades nutricionais de alimentos para desmame à base de extrudidos de milho e grão-de-bico com proteínas de qualidade. **Alimentos vegetais para a nutrição humana. 62:** 31-37.

Minaeerad, M., Movahhed, S. e Zargari, K. 2012. Avaliação da farinha adicional de gérmen de milho com baixo teor de gordura nas propriedades químicas e reológicas de pães torrados. **Anuários de Investigação Biológica. 3(6):** 2609-2614.

Morean, R. A., Johuston, D. B. e Hicks, K. B. 2007. A comparison of the levels of lutein and zeaxanthin in corn germ oil, corn fiber oil and corn kernel oil. **Journal of American Oil Chemistry Science. 84:** 1039-1044.

Murugkar, M., Ashok, K. e Ramaswami, B. 2012. A economia política dos alimentos Subsídio na Índia. **The Copenhagen Journal of Asian Studies 30:**2-8.

Nagalakshmi, K. e Beatrice, A. D. 2013.Millets-A boon for todays generation. Em Actas de 3rd INCOFTECH-2013. Tecnologias de processamento de alimentos - desafios e soluções para a segurança alimentar sustentável. 4-5th janeiro de 2013. Instituto Indiano de Tecnologia de Processamento de Culturas.Thanjayur. Tamil Nadu. Índia. P.21.

Najeeb, S., Sheikh, F.A., Ahangar, M.A., Teli, N.A. 2011b. Popularização do milho doce (*Zea may* L.) em condições temperadas para melhorar as condições socioeconómicas. **Boletim Informativo da Cooperação Genética do Milho. 85:**1-6.

Narang, T. 2012. Jornal Business Line News. Dt. 21.06.2012.

Narbutaite, V., makaravicius, T., Juodeikiene, G. Basinskiene, L. 2008. O efeito das condições de extrusão e dos tipos de cereais nas propriedades funcionais dos extrudados como meio de fermentação. **Procedimentos da Foodbalt** 2008. 60-62.

Nasir, M., Siddiq, M., Ravi, R., Harte, J. B., Dolan, K. D. Butt, M. S. 2010. Características de qualidade física e avaliação sensorial de bolachas feitas com farinha de gérmen de milho desengordurada adicionada. **Journal of Food Quality**. **33:** 72-84.

Nazni, P. e Pradeepa, S. 2010b. Avaliação organoléptica de biscoitos preparados a partir de farinha de batata. **Beverage and Food World**. **37(4):** 31-34.

Nkosi, B. D., Meeske, R., Merwe, H. J., Acheampong-Boateng, O. e Langa, L. 2010. Effects of dietary replacement of maize grain with popcorn waste products on nutrient digestibility and performance by lambs. **South African Journal of Animal Science**. **40 (2):** 133-139.

Nuss, E. T. e Tanumihardjo, S. A. 2010. O milho: A paramount staple crop in the context of global nutrition (Uma cultura básica fundamental no contexto da nutrição global). **Comprehensive Reviews in Food Science and Food Safety. 9:** 417-435.

Obadina, A. O., Oyewole, O. B. e Archibong, U. E. 2011. Efeito do processamento nas qualidades de noodles produzidos a partir de grão de milho e farinha de mandioca. **International Food Research Journal.18(4):** 1563-1568.

Ocheme, O. B. 2007. Efeito do armazenamento da farinha de painço na qualidade e aceitabilidade das papas de farinha de painço (Enylokwolla). **Jornal de Tecnologia Alimentar. 5(3):** 215-219.

Ocheme, O. B., Alash, A. M. e Zakari, U. M. 2008. Efeito da suplementação de malte e soja na qualidade dos nutrientes e na aceitabilidade de "eko-eda": papa de milho. **Jornal Continental de Ciência e Tecnologia Alimentar. 2:** 14-19.

Ocheme, O. B., Oludamilola, O. O. e Gladys, M. E. 2010. Efeito da imersão em cal e da cozedura (Nixtamalização) nas propriedades proximais, funcionais e algumas propriedades anti-nutricionais da farinha de painço. **Jornal Africano de Tecnologia**. **14(2):**131 -138.

Ogendo, J.O., Deng, A.L., Belmain, S.R., Walker, D.J. e Musandu, A. A. O. 2004. Efeito de materiais vegetais insecticidas, *Lantana camara* L. e *Tephrosia vogelii* hook, nos parâmetros de qualidade de grãos de milho armazenados. **O Jornal de Tecnologia Alimentar em África. 9(1):** 29-36

Ohenhen, R. E., e Ikenebomeh, M. J. 2007. Estudos de estabilidade de prateleira e atividade enzimática de ogi: um produto fermentado de farinha de milho. **Jornal de Ciência Americana**. **3(1):** 38-42.

Oko, A. O., Ubi, B. E. e Dambaba, N. 2012. Qualidade de cozedura do arroz e características físico-químicas: uma análise comparativa de variedades de arroz locais seleccionadas e recentemente introduzidas no estado do Ebonyi, Nigéria.

Alimentação e Saúde Pública. **2(1):** 43-49.

Okunola, C. O., Okunola, A. A., Abulude, F. O. e Ogunkoya, M. O. 2007. Qualidades organolépticas do milho e do feijão-frade armazenados com alguns óleos essenciais. **African Crop Science**. **8:** 2113-2116.

Oladunmoye, O. O., Akinoso, R. e Olapade, A. A. 2010. Avaliação de algumas propriedades físico-químicas das farinhas de trigo, mandioca, milho e feijão-frade para o fabrico de pão. **Journal of Food Quality. 33:** 693-708.

Opere, B., Aboaba, O. O., Ugoji, E. O. e Iwalokun, B. A. 2012. Estimativa do valor nutritivo, propriedades organolépticas e aceitabilidade do consumidor do mingau de cereais fermentado (Ogi). **Jornal Avançado de Ciência e Tecnologia Alimentar. 4(1):** 1-8.

Otitoju, G. T. O. 2009. Efeito das técnicas de processamento de moagem a seco e a húmido na composição nutricional e nos atributos organolépticos do milho amarelo fermentado (*Zea mays*). **Jornal Africano de Ciência Alimentar. 3(4):** 113-116.

Owusu-Kwarteng, J. e Akabanda, F. 2013.Applicability of nixtamalization in the processing of millet-based maasa, a fermented food in Ghana. **Journal of Food Research. 2(1):**1-7

Oz, A. e Kapar, H. 2011. Determinação do rendimento de grãos, alguns traços de rendimento e qualidade de genótipos promissores de milho-pipoca híbrido. **Turkish Journal of Field Crops**. **16(2):** 233-238.

Ozola, L., Straumite, E. e Klava, D. 2011. Efeito da farinha de milho extrudida na qualidade do pão sem glúten. **Journal of Cereal Science**. **48:** 33-45.

Paes, M. C. D. e Mega, J. 2004. Efeito da extrusão no perfil de aminoácidos essenciais e na cor de farinhas de grãos integrais de cultivares de milho com proteína de qualidade (QPM) e de milho normal. **Revista Brasileira de Milho e Sorgo**. **3(1):** 10-20.

Panghal, A., Khatkar, B. S. e Singh, U. 2006. Cereal proteins and their role in food industry (Proteínas de cereais e seu papel na indústria alimentar). **Indian Food Industry. 25(5):** 58-62.

Panlasigui, L. N., Bayaga, C. L. T., Barrios, E. B. e Cochon, K. L. 2010. Glycaemic response to quality protein maize grits. **Jornal de Nutrição e Metabolismo**. **15:** 1-6.

Paul, M. C. e Mishra, R. R. 1994. Efeito da infestação por fungos no amido, lípidos e peso seco das sementes de milho. **Journal of Food Science and Technology**. **31(1):** 52-54.

Paula, H. D., Santos, R. C., Silva, M. E., Gloria, E. C. S., Pedrosa, M. L., Almeida, N. A. V., Costa, A. S. V. e Malaquias, L. C. C. 2004. Avaliação biológica de um suplemento nutricional preparado com milho QPM cultivar BR 473 e outros alimentos tradicionais. **Arquivos Brasileiros de Biologia e Tecnologia**. **47(2):** 247-251.

Plahar, W. A., Okezie, B. O. e Annan, N. T. 2003. Qualidade nutricional e estabilidade de armazenamento de alimentos de desmame extrudidos à base de amendoim, milho e soja. **Plant Foods for Human Nutrition. 58:** 1-16.

Pozo - Insfran, D. D., Saldivar, S. O., Brenes, C. H. e Talcott, S. T. 2007. Polifenólicos e capacidade antioxidante de calos brancos e azuis transformados em tortilhas e batatas fritas. **Cereal Chemistry. 84(2):**162-168.

Prasanna, B. M., Vasal, S. K., Kassahun, B. e Singh, N. N. 2001. Quality protein maize. **Current Science**. **81(10):** 1308- 1319.

Premi, B.R., Singh, S. e Esakkimuthu, V. 2004. Status of maize processing NABARD Report. P. 2 - 6.

Ptaszek, A., Berski, W., Ptaszek, P., Witczak, T., Repelewicz, U. e Grzesik, M. 2009. Propriedades viscoelásticas do amido de milho ceroso e de géis de hidrocolóides sem amido seleccionados. **Polímeros de hidratos de carbono**. **76:** 567-577.

Rai, S. Kaur, A. e Singh, B. 2011. Características de qualidade de biscoitos sem glúten preparados a partir de diferentes combinações de farinha. **Journal of Food Science and Technology. 48(10):**197- 211.

Rai, S., Kaur, A., Singh, B. e Minhas, K. S. 2012. Quality characteristics of bread produced from wheat, rice and maize flours (Características de qualidade do pão produzido com farinhas de trigo, arroz e milho). **Journal of Food Science and Technology**. **49(6):** 786-789.

Rajeshwari, K. e Beatrice, A. D. 2013. Substituição de cereais com alto teor de fibra por cereais refinados na indústria de panificação. In proceedings of 3rd INCOFTECH-2013. Conferência Internacional sobre Tecnologia Alimentar. Instituto Indiano de Tecnologia de Processamento de Culturas. 4-5th janeiro de 2013. Thanjavur. Tamil

Nadu. Índia. P.26.

Ram, S. e Mishra, B. 2010. Cereals processing and nutritional quality. New India Publishing Agency. Pitam Pura, Nova Deli. P.284-307.

Rausch, K. e Belyea, A. 2006. O futuro dos co-produtos da transformação do milho. **Bioquímica Aplicada e Biotecnologia**. **128:** 47-56.

Reddy, M. K. 2011. Desenvolvimento e avaliação de snacks extrudidos prontos a comer através da incorporação de raízes e tubérculos. In Proceedings of 43rd National Conference. Sociedade de Nutrição da Índia. 11-12 de novembroth .P.115-116.

Rehana, F. e Basapa, S. C. 1990. Detoxificação da aflatoxina B1 no milho por diferentes métodos de cozedura. **Journal of Food Science and Technology**. **27(5):** 397-399.

Rehman, Z. U. 2006. Efeito do armazenamento na qualidade nutricional de cereais de consumo corrente. **Food Chemistry**. **95(1):** 53-57.

Riat, P. e Sadana, B. 2009. Effect of fermentation on amino acid composition of cereal and pulse based foods (Efeito da fermentação na composição de aminoácidos de alimentos à base de cereais e leguminosas). **Journal of Food Science and Technology. 46(3):** 247-250.

Robles- Ramirez, M. D. C., Acoltzi- Tamayo, Y., Sanchez- Vega, C., Sosa- Montes, E., Reyes-Moreno, C., Milan- Carrillo, J. e Mora- Escobedo, R. 2011. Efeitos fisiológicos dos produtos obtidos por nixtamalização e extrusão de milho de proteína de qualidade. **Revista internacional de biotecnologia em cores**. **1(1):** 20-25.

Rojas- Molina, I., Gutierrez- Cortez, E., Palacios- Fonseca, A., Banos, L., Pons- Hernandez, J. L., Guzman- Maldonado, S. H., Pineda- Gomez, P. e Rodrigue, M. E. 2007. Estudo das alterações estruturais e térmicas no endosperma de milho de qualidade proteica durante o processo tradicional de nixtamalização. **Cereal Chemistry**. **84(4):** 304-312.

Rong, L.I. e Kang-Ning, W. 2009. Efeitos da nixtamalização sobre o conteúdo de ácido fítico nas variedades de milho e a biodisponibilidade de ferro no milho nixtamalizado para suínos jovens. **Jornal de Nutrição do Paquistão**. **8(6)**: 905-909.

Rosegrant, M., Ringler, C., Msangi, S., Zhu, T., Sulser, T., Valmonte-Santos, R. e Wood, S. 2007. Agriculture and food security in Asia: The role of agricultural research and knowledge in a changing environment. **Journal of the Semi-Arid Tropics Agriculture Research. 4:**26-33.

Rosentrater, K. A. 2005. Uma revisão dos resíduos do processamento da massa de milho: geração, propriedades e potencial de utilização. **Gestão de resíduos. 26:** 284 - 292.

Rytel, E., Pęksa, A., Tajner-Czopek, A., Kita, A., Ziφa, T. e Gryszkin, A. 2013. Efeito da adição de preparações proteicas na qualidade dos extrudados de milho extrudido. **Jornal de Microbiologia, Biotecnologia e Ciência dos Alimentos. 2(1):** 1776-1790.

Sadasivam, S. e Manickam, A. 2008. Biochemical Methods. 3rd Edn. New Age International Publishers. Nova Deli: 11-37.

Saikia, D. e Deka, S. C. 2011. Cereais: de alimentos básicos a nutracêuticos. **Jornal Internacional de Investigação Alimentar. 18:** 21- 30.

Sammon, A. M. e Whittington, F. M. 2009. O armazenamento liberta o conteúdo fisiologicamente ativo do milho e do trigo cozidos. **Jornal Africano de Ciência Alimentar. 3(12):** 426- 428.

Sangwan, V. e Dahiya, S. 2012. Mineral profile of wheat flour and wheat flour biscuits fortified with sorghum and soy flour. **Jornal Indiano de Nutrição e Dietética. 49:** 516-526.

Sawant, A.A., Thakor, N.J., Swami, S.B. e Divate, A.D. 2013. Características físicas e sensoriais de alimentos prontos para comer preparados a partir de misturador composto à base de milheto por extrusão. **Instituto de Engenharia Agrícola: Revista CIGR. 15(1):**100-105.

Sewate, A. R., Kshirsagar, R. B., Jadhav, B. A. Patil, B. M. 2009. Estudos sobre a preparação e avaliação da qualidade de bolachas de trigo duro utilizando farinha de arroz. **Indian Journal of Nutrition and Dietetics. 46:** 24-27.

Relatório sobre a época e as colheitas em Tamil Nadu, 2012. Departamento de Economia e Estática, Chennai. P. 53-270.

Selvi, K. V. J. e Beatrice, A. D. 2013. Qualidade sensorial e microbiana da barra de frutas. In proceedings of 3rd INCOFTECH-2013. Conferência Internacional sobre Tecnologia Alimentar. Instituto Indiano de Tecnologia de Processamento de Culturas. 4-5th janeiro de 2013. Thanjavur. Tamil Nadu. Índia. P.189.

Shamim, Z., Bakhsh, A. e Hussain, A. 2010. Variabilidade genética entre genótipos de milho em condições agro-climáticas de Kotli (Azad Kashmir). **World Aplies Science Journal. 8(11):** 1356- 1365.

Sharma, S., Saxena, A. K. e Saxena, V. K. 2002. Nutritional quality evaluation of selected improved maize (*Zea mays*) genotypes of Punjab. **Indian Journal of Nutrition and Dietetics. 39:** 194- 196.

Shobha, D., Pradannakumar, M. K. , Puttaramanaik. e Sreemastty, T. A. 2011. Efeito do antioxidante no prazo de validade da farinha de milho com proteína de qualidade. **Indian Journal of Fundamental and Aplied Life Sciences. 1(3):** 129-140.

Singh, V. K., Garg, M. K., kumar, K. e Grewal, R. B. 2012. Isotérmicas de sorção de humidade de biscoitos. **Beverage and Food World**. **39(9):** 19-20.

Sood, A., Sharma, H. R. e Verma, R. 2009. Desenvolvimento e avaliação nutricional de bolas doces à base de amaranto e sésamo com suplemento de sementes de linhaça. **Journal of Dairying, Foods and Home Science. 28(1):** 49-53.

Sreeramulu, D., reddy, C. V. e Reghunath, M. 2009. Antioxidant activity of commonly consumed cereals, millets, pulses and legumes in India. **Indian Journal of Biochemistry and Biophysics. 46:** 112-115.

Sri, B. 2013. Biscoitos de cevada fortificados com proteínas. In Proceedings of 3rd INCOFTECH-2010. Conferência Internacional sobre Tecnologia Alimentar. Instituto Indiano de Tecnologia de Processamento de Culturas. 4-5th janeiro de 2013. Thanjavur. Tamil Nadu. Índia. P.182.

Srivastav, P. P., Das, H. e Prasad, S. 1994. Effect of roasting variables on hardness of bengalgram, maize and soybean. **Journal of Science and Technology**. **31(1):** 62-65.

Suleiman, R. A., Rosentrater, K. A. e Bern, C. J. 2013. Efeitos dos parâmetros de deterioração no armazenamento de milho. **Journal of Stored Products Research. 31(1):** 1-16.

Sumithra, B. e Bhattacharya, S. 2007. Desenvolvimentos na transformação de cereais para pequeno-almoço. **Indústria Alimentar Indiana.** julho e agosto: 35-43.

Surojanametakul, V., Tungtakul, P., Varanyanond, W. e Supasri, R. 2002. Effects of partial replacement of rice flour with various starches on the physicochemical and sensory properties of "sen lek" noodle. **Kasetsart Journal (Natural Science). 36:** 55-62.

Tam, L. M., Corke, h., Tan, W.T., Li, J. e Collado, L.S. 2004. Produção de noodles do tipo bihon a partir de amido de milho com diferentes teores de amilose. **Cereal Chemistry**. **81(4):** 475- 480.

Thangaraj, M. e Jaiswal, P. K. 2000. Study on quality parameters for popcorn. **Beverage and Food World**. **27(3):** 20-21.

Thilakavathi, T. e Amutha, S. 2006. Produtos de panificação enriquecidos com nutrientes. Relatório do projeto B.Sc. apresentado ao Home Science College and Research Institute, Madurai.

Ugarcic- Hardi, Z., Jukic, M., Komalenic, D. K., Sabo, M. e Hardi, J. 2007. Parâmetros de qualidade de noodles fabricados com vários suplementos. **Jornal Checo de Ciência Alimentar. 25(3):** 151- 157.

Uthumporn, U., Zaidul, I. S. M. e Karim, A. A. 2010. Hidrólise de amido granular à temperatura de sub geletinização utilizando uma mistura de enzimas amilolíticas. **Processamento de alimentos e bioprodutos**. **88:** 47-54.

Vaid, B. M. e Dave, N. R. 2010. Efeito do processamento na qualidade nutricional do milho doce (*Zea mays*). **Indian Journal of Nutrition and Dietetics**. **47:** 12-17.

Vasal, S. K. 2002. Quality Protein Maize: Overcoming the Hurdles. **Journal of Crop Production**. **6(2):** 193-227.

Vasal, S. K. 2007. O milho nutricionalmente melhorado e a sua importância nos países em desenvolvimento. **Plant Breeder Review.14:** 139-163.

Verónica, A. O., Olusola, O. O. Adebowale, A. A. 2006. Qualidades de snacks tufados extrudidos a partir de uma mistura de milho/soja. **Jornal de Engenharia de Processos Alimentares**. **29:** 149-161.

Waliszewski, K.N., Estrada, Y. e Pardio, V. 2004. Alterações nas propriedades sensoriais da farinha de milho nixtamalizada fortificada com lisina e triptofano durante o armazenamento. **Alimentos vegetais para nutrição humana. 59:** 51-54.

OMS. 2009. Recomendações sobre o relatório da reunião sobre a fortificação da farinha de trigo e de milho: declaração de consenso provisória. Genebra.

Yadav, V.K. e Supriya, P. 2014. Maize: Nutrition dynamics and novel uses. Springer India Publisher. Índia. P. 141-152.

Yadav, O.P. 2013. Revisão do Diretor do Projeto de Melhoramento do Milho - 2012-13. Workshop anual. 6-8th abril de 2013. Hyderabad. Índia.P.2.

Yadav, R.B., Yadav, B.S. e Dhull, N. 2012. Efeito da incorporação de farinhas de banana e grão-de-bico nas características de qualidade dos biscoitos. **Jornal de Ciência e Tecnologia Alimentar. 49(2):** 207- 213.

Yaseen, A. A., Shouk, A. e Ramadan, M. T. 2010. Qualidade do Pão de Milho-Trigo como Afetado por Hidrocolóides. **Jornal de Ciências Americanas**. **6(10):** 721727.

Zeng, J., Gao, H., Li, G. e Liang, X. 2011. A farinha de milho extrudida alterou o comportamento funcional das misturas. **Jornal Checo de Ciência Alimentar. 29(5):** 520- 527.

Printed by Books on Demand GmbH, Norderstedt / Germany